"十三五"江苏省高等学校重点
普通高等教育"十三五

水文与水资源工程专业实践育人综合指导书

王栋　吴吉春　吴剑锋　王远坤　主编

·北京·

内 容 提 要

本书为水文与水资源工程等涉水专业提高人才知行合一培养质量，提升理实融合内涵发展水平，构建实验—设计—实习三位一体实践综合育人新体系而编写。全书分为课程实（试）验、课程设计和专业实习三个部分，内容涉及地表径流模拟、地下径流模拟、水信息采集方法与技术、水力学实验、暴雨设计、洪水设计、水情预报技术、渗水试验、水资源评价、水文频率分析和生产实习、毕业实习等。

本书是水利类水文与水资源工程专业的实践育人综合指导教材，也可供水利类、地质类、环境科学与工程类、土木类、地理科学类、地质学类、地球物理学类师生使用。还可供水利、地质、环境、土木等相关领域工程技术人员参考。

图书在版编目（CIP）数据

水文与水资源工程专业实践育人综合指导书 / 王栋等主编. -- 北京 : 中国水利水电出版社, 2020.5
"十三五"江苏省高等学校重点教材 普通高等教育"十三五"系列教材
ISBN 978-7-5170-8560-7

Ⅰ. ①水… Ⅱ. ①王… Ⅲ. ①水文学－高等学校－教学参考资料②水资源－高等学校－教学参考资料 Ⅳ. ①P33②TV211

中国版本图书馆CIP数据核字(2020)第078289号

	"十三五"江苏省高等学校重点教材 普通高等教育"十三五"系列教材
书　　名	**水文与水资源工程专业实践育人综合指导书** SHUIWEN YU SHUIZIYUAN GONGCHENG ZHUANYE SHIJIAN YUREN ZONGHE ZHIDAOSHU
作　　者	王栋　吴吉春　吴剑锋　王远坤　主编
出版发行	中国水利水电出版社 （北京市海淀区玉渊潭南路1号D座　100038） 网址：www. waterpub. com. cn E-mail：sales@waterpub. com. cn 电话：（010）68367658（营销中心）
经　　售	北京科水图书销售中心（零售） 电话：（010）88383994、63202643、68545874 全国各地新华书店和相关出版物销售网点
排　　版	中国水利水电出版社微机排版中心
印　　刷	北京瑞斯通印务发展有限公司
规　　格	184mm×260mm　16开本　8.5印张　207千字
版　　次	2020年5月第1版　2020年5月第1次印刷
印　　数	0001—1500册
定　　价	**25.00**元

前言

在高等学校水利学科教学指导委员会指导下，经广大教育工作者的协同努力，水文与水资源工程专业核心课程教材体系建设日趋完善。目前，实习实训、专业实践方面指导性教材相对偏少，特别是对于开设水文与水资源工程专业的综合性院校，可以使用的相关教材更少。根据目前国家对涉水专业人才培养的重大需求和发展形势，本教材专注实践育人综合指导。

本教材内容涉及水文与水资源工程专业多门核心课程或主干课程（水文学原理、水信息技术、水力学、水文统计、地下水动力学、水文水利计算、水文预报、水资源评价和管理、水文地球化学等），涵盖了课程试验、课程实验、课程设计、认识实习、生产实习和毕业实习。内容包括土壤水分特征曲线测定分析试验、土壤三相特性分析试验、非饱和土壤的入渗特性及渗吸速度测定试验、水文地质参数反演室内模拟试验、流速脉动实验、水位测量、流量测量、泥沙测验、沿程水头损失测定实验、雷诺实验、达西渗流实验、地下水主要阴离子分析实验、暴雨频率设计、设计暴雨过程线计算、设计洪水过程线推求、地下水资源评价、P－Ⅲ型分布参数估计试验等。本教材引用了有关院校和科研单位的教材成果和论著，并以参考文献形式列于最后，以利于学生深入理解并开展探究性学习。

本教材由南京大学王栋、吴吉春、吴剑锋、王远坤主编。全书共分为十二章。第一章由王远坤、蒋建国和王栋编写，第二章由徐红霞和王栋编写，第三章由王远坤和王栋编写，第四章由曾献奎、施小清和吴吉春编写，第五章由徐红霞和叶淑君编写，第六章由王远坤和王栋编写，第七章由陈扣平和吴剑锋编写，第八章由祝晓彬和吴剑锋编写，第九章由曾献奎和王栋编写，第十章由王远坤、王栋和吴吉春编写，第十一章由王远坤和王栋编写，第十二章由王远坤、王栋和吴剑锋编写。南京大学研究生陶雨薇、刘文月、贺新月、邱如健、李小兰、沈时、鞠小裴等提供了帮助。

中国科学院院士薛禹群教授、中国工程院院士张建云教高、河海大学董增川教授和陈元芳教授、天津大学冯平教授、武汉大学梅亚东教授主审全书，国内多位前辈和专家予以宝贵指导，编者谨致衷心感谢。中国水利水电出版社的编辑同志为本书的出版付出了大量辛勤劳动，在此一并表示诚挚感谢。

本教材的编写和出版还得到了南京大学和江苏省教育厅的高度重视与大力支持，特别是入选“十三五”江苏省高等学校重点教材立项建设，特此一并致谢。全体编写人员充分利用了夜晚、休息日、寒假和防疫抗疫特殊时期（减少了野外工作、出差出国等）的宝贵时间，全力以赴，认真编写，但囿于编者水平有限，加上专业实践育人综合指导教材编写是一项新探索，教材中难免有不妥之处，恳请读者批评指正。

编者

2020 年 2 月

目 录

第三部分　专　业　实　习

第一部分

课 程 实（试）验

第一章

水文学原理实（试）验

第一节 土壤水分特征曲线测定分析实验

一、实验目的

（1）掌握测定含水率与吸力的方法。

（2）绘制含水率与吸力的关系曲线。

二、实验设备

1. 负压计

由陶土头、集气管和负压表三部分组成，如图 1-1（a）所示。陶土头为多孔透水材料；负压表量程为 100kPa，分度值为 2kPa；集气管用于收集仪器内真空。负压计的各部分及其连接部分在使用过程中一定要牢固，密封不漏气。在实验前需要对负压计进行排气处理及透气性能测试，然后将负压计的集气管中灌满无气泡水（煮沸后的冷却水即可），放置在盛有无气泡水的容器中备用。

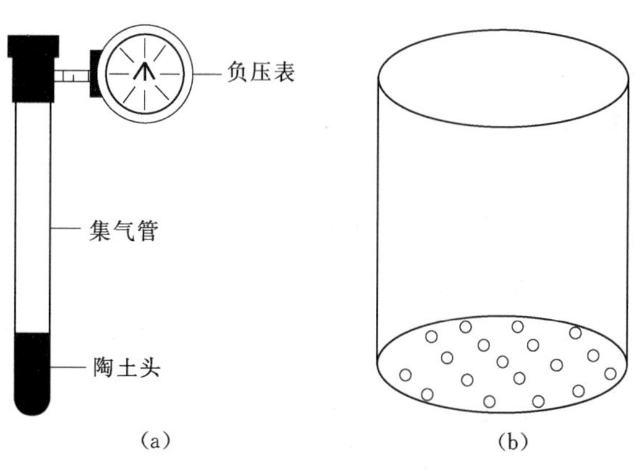

图 1-1 负压计和土罐

2. 土罐

实验采用有机土罐装扰动土样进行实验。土罐如图 1-1（b）所示，实验罐高 12cm，内径 10.2cm，罐底均匀地钻有 1.5mm 的小孔，以备湿润饱和土样用。

三、实验原理

1. 土壤水吸力测定

将灌满无气泡水的负压计插入土样后，负压计中的自由水经过陶土壁与土壤水建立水力联系，当仪器内外的势值趋于平衡时，仪器中水的总水势 Φ_{wd} 与土壤中土水势 Φ_{ws} 应该相等。土水势的完整表述为

$$\Phi=\Phi_m+\Phi_p+\Phi_s+\Phi_g+\Phi_T$$

式中：Φ_m、Φ_p、Φ_s、Φ_g、Φ_T 分别为基质势、压力势、溶质势、重力势和温度势。

陶土头为多孔透水材料，溶质也能通过，因此内外溶质势 Φ_s 相等；仪器内外温度势 Φ_T 相等；陶土头中心的内外重力势 Φ_g 相等；非饱和土壤中土壤水所受的压力为大气压（基准状态），故土壤水的压力势为零，仪器中自由水无基质势存在，这样仪器中和土壤中的总势平衡可表述为

$$\Phi_{ms}=\Phi_{pd}=\Delta PD+z$$

式中：Φ_{ms} 为土壤水基质势；Φ_{pd} 为一期内自由水的压力势，由负压表显示的吸力值（即负压值 ΔPD，$\Delta PD<0$）和埋藏在水中的陶土管中心与土面以上负压表之间的静水压力（即水柱高 z，$z>0$，向上为正）组成。

按定义，土壤水吸力为基质势的相反数，因而即可测得土壤水吸力值 S 为

$$S=-\Phi_{ms}=-\Delta PD-z$$

2. 对应的体积含水率 θ 测定

土壤体积含水率 θ 为

$$\theta=\frac{\theta_g\gamma_c}{\rho_w}=\theta_g\gamma_c$$

其中

$$\theta_g=\frac{\Delta G_w}{\Delta G_s},\quad \gamma_c=\frac{\Delta G_s}{\Delta V}$$

式中：θ_g 为质量含水率；ΔG_w、ΔG_s 分别为 ΔV 体积内的水分和固相物质质量；γ_c 为干容重；ρ_w 为水的密度，$\rho_w=1\text{g/cm}^3$。

在实验中通过测定水分质量 ΔG_w 和固相物质质量（即干土质量）ΔG_s，计算质量含水率，再换算得到体积含水率。

四、实验步骤

1. 土样的装填

在罐底铺上一层普通滤纸，将称好的土样分次装入罐中，一般分 6 层装填，每次装入 1/6 总质量的土样，铺平后用直径比试样罐稍小的击锤夯实土样。装填完毕后，刮平土壤表面，盖上罐盖，称重，准确求得实际罐中土样的质量 M_s。

2. 安装负压计

在试样罐中心线用小土钻钻一土孔，孔径略小于陶土头直径。然后称重，准确求得罐中最后土样的质量 M_t。然后将负压计插入，使陶土头与土样紧密结合。称重求得系统总质量 M_1。

3. 配置预期的含水量

将系统置于盛水容器中，容器中的水面尽量接近土罐上沿，让其慢慢吸水、均匀，静置1天，土样基本可达到饱和。

4. 观测度数、称重测量含水率

将饱和后的系统拿出，擦干土罐表面，称重，计算出饱和含水率，然后将罐盖打开，放在系统置放槽，每天读一次数据。直到负压表的读数接近最大量程。

五、注意事项

（1）夯实土样时，罐周边土样除了用击锤夯实外，还应用棍棒进行捣实。

（2）浸湿土样时，确保容器水面不漫过土罐。

六、思考题

（1）本实验的误差来源有哪些？

（2）若实验从干燥土壤开始，在土壤吸收水分的过程中测定，则绘制的土壤水分特征曲线与本实验所得的曲线是否为同一条曲线？

（3）引起绳套现象（滞后作用）的可能原因有哪些？

第二节　土壤三相特性分析试验

一、实验目的

（1）掌握测定土壤密度的方法、了解土壤的疏密状况。

（2）掌握测定土壤含水率的方法。

二、实验设备

（1）环刀、天平、切土刀、钢丝锯、凡士林。环刀如图1-2（a）所示。

（2）烘箱、称量盒、天平、削土刀。烘箱如图1-2（b）所示。

(a)

(b)

图1-2　环刀和烘箱

三、实验原理

1. 土的密度 ρ

$$\rho=(m_1-m_2)/V$$

式中：ρ 为单位体积土的质量；m_1 为环刀加土的质量；m_2 为环刀的质量；V 为土的体积。

2. 土的含水率

土的含水率为土中水的质量与土粒质量之比：

$$\omega=m_w/m_s\times100\%$$

式中：m_w 为水的质量；m_s 为烘干后土的质量。

四、实验步骤

1. 土的密度的测定——环刀法

（1）按人工制备所需状态的扰动土样，其直径和高度应大于环刀的尺寸，整平其两端放在玻璃板上。

（2）将环刀的刀口向下放在土面上，然后将环刀垂直下压，边压边切削，至土样上端伸出环刀为止。削去两端余土修平，两端盖上平滑的圆玻璃片，以免水分蒸发。

（3）擦净环刀外壁，称环刀加土的质量，准确至0.1g。

2. 土的含水率测定——烘干法

（1）取代表性式样15～30g放入称量盒内，立即盖好。称湿土加盒的质量，精确至0.1g。

（2）揭开盒盖将试样放入烘箱，在温度100～105℃下烘到恒重。

（3）将烘干后的式样取出，放入干燥器内冷却，称出盒加干土质量，精确至0.1g。

五、注意事项

（1）环刀切取试样时，为防止扰动，应切削一个较环刀内径略大的土柱。

（2）严禁用直刀在环刀土面上来回抹平。

（3）测含水率时，取出烘干试样后要迅速测定，冷却时间不要太长。

六、思考题

（1）对实验中可能存在的误差进行分析。

（2）土的孔隙度如何计算？

（3）土壤含水量可以用什么方法来表示？分别如何计算？

第三节　非饱和土壤的入渗特性及渗吸速度测定试验

一、实验目的

（1）测定土壤的垂直入渗特性曲线。

（2）掌握测定土壤吸渗和入渗速度的操作方法。

二、实验设备

渗吸速度测试仪、量杯、秒表，如图 1－3 所示。

三、实验原理

描述土壤入渗的过程可用考斯加可夫公式：

$$i_t = i_1 t^{-a}$$

式中：i_t 为入渗开始后时间 t 的入渗速度，i_1 在第一个单位时间土壤的渗透系数，相当于 $t=1$ 时的土壤下渗速度；a 为指数。

对公式取对数得：

$$\lg i_t = \lg i_1 t - a \lg t$$

实测的 $\lg i_t$、$\lg t$ 应呈线性关系，该直线的斜率为 a。

计算 t_a、t_b 时刻对应的 i_a、i_b，代入上式得：

$$a = \frac{\lg i_b - \lg i_a}{\lg t_a - \lg t_b}$$

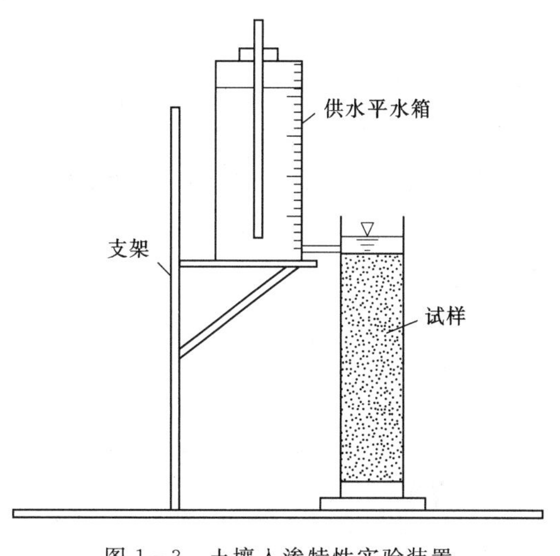

图 1－3 土壤入渗特性实验装置

四、实验步骤

（1）取自然风干土碾碎过筛，要求碎块直径不大于 2mm，测筒底铺滤纸，装土至给定深度，适当沉实，再盖上滤纸。

（2）在量杯内灌水，并关闭放水管和通气管，放在支架上。

（3）实验开始时同时完成：掀动计时秒表，迅速在测试仪中土样上建立水层 2cm。

（4）实验开始后，定时记载量杯中水量度数，时间间隔初期较短，以后逐渐加大，并记录间隔时间及水量度数。

五、注意事项

步骤（3）应同时进行，动作要迅速、准确、细心。

六、思考题

（1）非饱和土壤的总势由哪两部分组成？

（2）下渗曲线可以划分为哪三个阶段，各自的特点是什么？

（3）绘制下渗过程中的土壤水分剖面，并表示四个有明显区别的水分带。

第四节　水文地质参数反演室内模拟试验

一、实验目的

（1）观测有入渗补给的潜水二维稳定流的渗流现象及特征。

（2）求降雨入渗强度 W 值，并和实际值进行比较。

（3）求含水层的渗透系数 K 值。

二、实验设备

图 1-4 为渗流砂槽示意图，其长为 380cm，宽为 50cm，槽内装有均匀的砂，顶部设有模拟降雨装置，由转子流量计 M 测定总降雨量。

砂槽的两端装有活动的溢水装置，分别用以稳定河 A 和河 B 的水位，升、降可以控制两河水位的高低，并通过进水阀门 K 控制供水水源。

槽底和后壁面沿流向按一定间距设有多组测压管。用软管连接测压管孔和测压管板，可以测定渗流场中各点的测压水头。

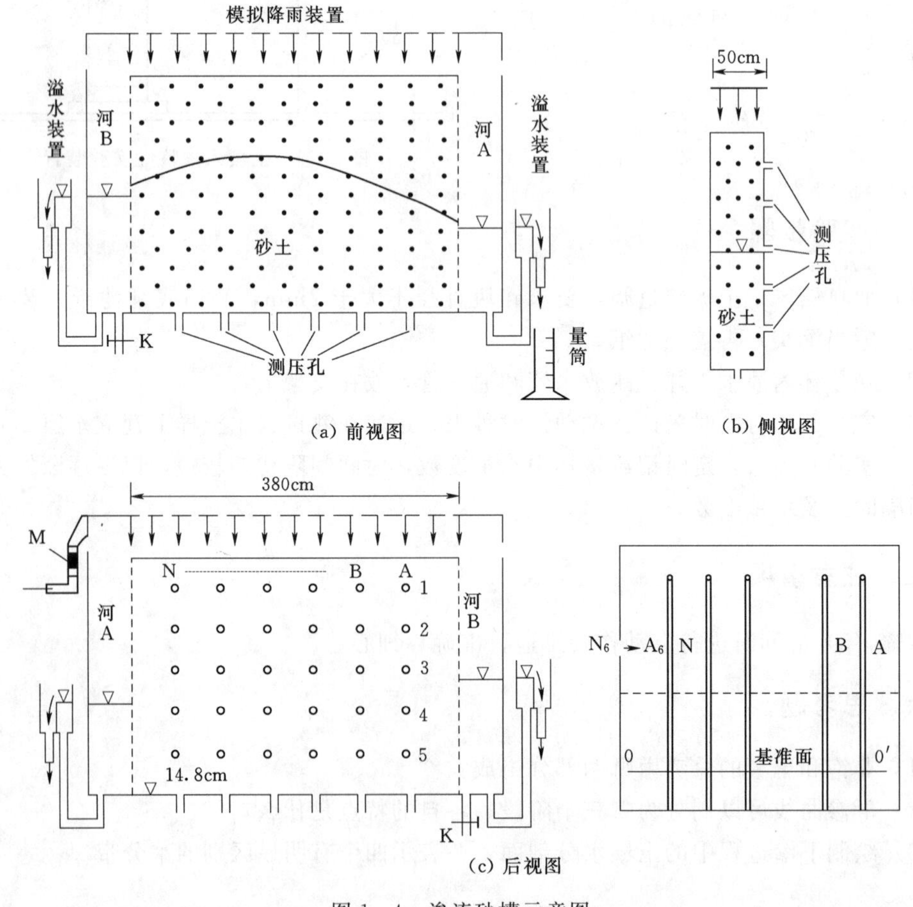

图 1-4　渗流砂槽示意图

三、实验原理

有入渗补给的河渠间潜水运动，若入渗均匀，可将潜水的运动视为稳定流，可根据如下公式计算 K：

$$h^2 = h_1^2 + \frac{h_2^2 - h_1^2}{l}x + \frac{W}{K}(lx - x^2)$$

通过测得三个点的水位数据，可求得渗透系数 K：

$$\frac{W}{K} = \frac{h^2 - h_1^2}{(l-x)x} + \frac{h_1^2 - h_2^2}{(l-x)l}$$

式中：h_1、h_2 为两河水位；l 为河间矩；h 为潜水流厚度；x 为离左端起始断面处的距离。

若潜水水流为非稳定流，可根据潜水水位动态观测用有限差分法确定给水度 μ。

$$\frac{\mu \Delta h}{K \Delta t} = \frac{W}{K} + \frac{h_1^2 - h^2}{(l-x)x} + \frac{h_2^2 - h_1^2}{(l-x)l}$$

四、实验步骤

（1）领取量筒和秒表。

（2）检查并排除测压管内可能存在的气泡。

（3）观察有入渗补给、两河水位相等条件下，河间地块分水岭的位置及潜水面形状。

（4）用秒表和量筒测定河流排泄量，以求 W 值（$W=Q/T$）。

（5）由转子流量计 M 读降雨量 Q。

（6）升降溢水装置 A 或 B，使 A 水位高于 B，观察测压管水位变化，待稳定后各测压管度数。

（7）升降溢水装置 A 或 B，使 A 水位降低，观察测压管水位变化，记录 Δt 和测验管的 Δh。

五、注意事项

（1）注意两河间的高差不要太大。

（2）第（6）步应等水位稳定后再读数。

六、思考题

（1）根据非承压含水层的厚度和透水性，以及含水层相对于地表水体的位置，可将地下水与地表水之间的关系分为哪几种情况？

（2）简要描述承压含水层的水文特征。

（3）影响含水层渗透系数的主要因素有哪些？

第五节　地表径流及物质运移综合实验场

一、实验目的

（1）观测水循环过程及地表径流形成过程。

（2）观测在径流作用下，物质的运移过程。

二、实验设备

活动槽、塑料草坪、水量平衡计算设施、降水喷头、水塔。

三、实验原理

径流是由降水形成的，在重力作用下沿一定方向和路径流动的水流。其中，沿着地面流动的水流称为地表径流。流域内，自降雨开始到水流汇集到流域出口断面的过程，称为径流形成过程。通过搭建实验场地，开展降雨、入渗、地表径流等要素的流域水循环实验。

四、实验步骤

（1）搭建降雨径流实验装置。

（2）改造下垫面，使活动槽内的流域为羽毛形流域，用塑料草坪模拟标准下垫面。

（3）搭建降水系统，水源由稳定高程的水塔供水，降水装置由降雨喷头组成，摇动连杆应均匀摆动。

（4）铺设水量平衡计量设施，测定所有径流总量，径流总量由标定的水尺人工读数。

五、注意事项

（1）降雨模拟时，应均匀设置喷头，控制降雨强度均匀。

（2）水塔供水时，应保证水压稳定。

六、思考题

（1）水文循环的内、外因分别是什么？

（2）简要描述泰森多边形法计算区域（流域）平均降水量。

（3）降水的基本要素包括什么？

第二章

水文测验实验

第一节　流速脉动实验

一、实验目的

通过脉动实验，学习实验研究的一般方法，提高同学们分析问题、解决问题的能力。具体要达到的目的是：通过实验增加对流速脉动的感性认识，了解流速脉动的特性及变化和分布规律，求出流速脉动引起的流速误差与测速历时的定量关系。

二、实验设备

主要设备为流速仪。

三、实验原理

流速仪最主要的形式是旋杯式和旋桨式。在水流中，旋杯形或桨形转子的转数 N、历时 T 与流速 v 之间存在 $v=KN/T+C$ 的关系。K 是水力螺距，C 是仪器常数，要在室内长水槽内检定。测验时，测定历时和转数，即可得出流速。

四、实验步骤

（1）根据流速的大小把流速仪的接触丝调整到合适的位置，使每两个信号的时间间隔较小。

（2）每测点施测 600″以上，在施测过程中每个信号（或每组信号）必须记录其历时（可读累计时间），时间记录至 0.5″以减少误差。

（3）计算瞬时流速（即一信号或一组信号的流速），点绘其流速过程线，并根据总历时及总转数，计算该总历时的时段平均流速。

（4）计算流速脉动强度，其公式为

$$Y=\frac{1}{\overline{V}^2}(V_{max}^2-V_{min}^2)$$

（5）计算各时段的平均流速，时段建议为20″、30″、50″、70″、100″、120″、150″、180″、240″等。

（6）在总历时范围内以滑动办法计算20～30个时段平均流速。例如总历时600″、时段为30″的时段平均流速的滑动办法是：每两个时段的重合时间为10″；或者计算时段30″的前5″与前一时段重合，后5″与后一个时段重合，重合部分有1/3，600″可推算出26个30″时段的平均流速，依次类推。

（7）以600″以上总历时计算的时段平均流速为准，计算各分时段平均流速的相对误差，其公式为

$$\delta_i=\frac{V_i-\overline{V}}{\overline{V}}\times 100\%$$

式中：$\overline{V}$为总历时平均流速；V_i为某一历时的时段平均流速；δ_i为某历时平均流速的相对误差。

（8）计算每一历时平均流速相对误差的标准差m_V，其公式为

$$m_V=\sqrt{\frac{\sum_{i=1}^{n}\delta_i^2}{N-1}}$$

式中：N为某历时时段平均流速的总个数。

（9）分别点绘0.2（或水面）、0.6、0.8（或河底）三个不同相对水深处的各时段平均流速相对误差的标准差m_V-h-t关系曲线，并分析其规律。

（10）点绘断面图，绘制流速脉动强度在断面上的分布等值线图，并分析其规律。

五、注意事项

流速实验中要特别注意测点的选择。一般在测流全断面上布设若干条垂线，每条垂线布设至少3个测点，使全断面的测点数目等于参加实验同学的总人数，测点分布在相对水深为0.2（或水面）、0.6、0.8（或河底）。

六、思考题

（1）什么是流速脉动？

（2）流速脉动的大小可以反映河流的什么特性？

（3）时段选的过大或过小有何影响？

第二节　测速垂线数对流量误差影响的实验

一、实验目的

用多测速垂线施测流量的方法来分析有限测速垂线数的流量误差，据以了解测速垂线精简分析的方法和思路。

二、实验设备

（1）流速仪。
（2）测深杆。
（3）秒表。
（4）钢卷尺。

三、实验原理

参照流量测验方法，根据测定垂线上的流速计算出两测线之前断面及两岸断面的流量，并且将流量叠加得到整体的断面流量 Q，将不同测线数目下的 Q 进行比较分析，分析不同测线数目下的测验对流量的影响。

四、实验步骤

（1）根据实测大断面图选定多垂线流量测验方案，一般要求所选测速垂线大于 50 条。
（2）测流时机选择，一般在流量变化比较缓慢的平水时进行试验。
（3）在测速时，为了减少总测流历时，各垂线上测速全部采用一点法，每测点测速历时大于 100″，每组施测一断面流量。
（4）计算多垂线测速的断面流量 Q；计算所在站用常测法固定垂线时的断面流量 Q_0，并与多垂线流量比较，计算相对误差。
（5）根据不同精简方案，建议精简的测速垂线数为 40 条、35 条、30 条、25 条、20 条、15 条、10 条、5 条，每人确定精简的垂线数目后，选取 5 次以上不同精简位置的垂线数目进行流量计算，并与多垂线流量比较，求相对误差，最后找到计算流量误差满足精度要求的最小值对应的垂线位置。
（6）汇总参与实验各人计算的各不同测速垂线数流量的相对误差，并计算其相对标准差。
（7）点绘测速垂线数与流量相对标准差关系曲线，作简要的分析描述。

五、注意事项

因为采用一点法测速，应当选择合适的测点进行流速测量。

六、思考题

（1）垂线法测流量的原理是什么？
（2）测线应该如何布置？
（3）测线的多少对测量结果有何影响？

第三节 水 位 测 量

一、实验目的

水位是最基本的资料，反映河流、湖泊、水库及海洋等水体的自由水面离固定基面的高程，流量、含沙量、水质参数等都以此为依据。

水位的作用包括：

（1）直接使用。水位为水利、水运、防洪、防涝提供具有单独使用价值的资料，如堤防、坝高、桥梁及涵洞、公路路面标高的确定。

（2）间接使用。水位为推求其他水文数据而提供以下间接运用资料，如流量计算、比降计算、水资源计算及水文预报中的上下游水位相关法等。

二、实验设备

一般测站普遍采用的水位测量设备是水尺，另有不同类型的自记水位计。

三、实验原理

1. 直接观测

人工不同时间读取水尺数，基准时为8时，全国统一。

水尺是测站观测水位的基本设施，方法简单而准确，其他水位计均以它为基准来衡量精度。按水尺型式可分为直立式、倾斜式、短桩式和悬锤式4种。其中以直立式水尺构造最简单，经济且使用方便，为一般测站所普遍采用。

2. 间接观测

除了直接观测的水尺，还有通过浮子式、压力式、超声波等传递方式，曲线或数字记录型的自记水位计。其中，浮子式水位计精度高，结构简单、可靠，是国内外使用最多的。安装压力式水位计不需要建造测井，对不适合建井的地方特别有利。超声波水位计也不需要测井，观测迅速、方便，但需要消除温度、含沙量等因素的影响。

四、实验步骤

以直接观测为例，介绍水位观测的基本步骤。水尺布设的原则是满足使用要求，保证观测精度，经济安全。

水尺所测读的水位范围，一般应高于历年最高水位0.5m，低于历年最低水位0.5m；同一组的各支水尺应尽量设在同一断面线上，若受地形限制或其他原因不能设置在同一断面线上时，其最上游与最下游两支水尺间的水位差应不超过1cm；同一组的各支比降水尺，若不能设在同一断面线上时，偏离断面的距离不得超过5cm，同时任何两支水尺的顺流向间距应不超过上、下比降水尺间距的1%，直立式水尺设置同一组水尺时，应使两相邻水尺有0.1～0.2m的重合部分；一组水尺编号应从岸上向河心依次排列，如P_1、P_2…

观测后，进行相应的水位计算，具体如下。

1. 直接观测水位计算

直接观测水位＝直接观测水尺读数＋该水尺零点高程（各水尺不同）。

2. 间接观测水位计算

间接观测水位＝校核时刻直接观测水位＋水位记录中的水位变动量（注意时间修正）。

3. 日平均水位计算

（1）算数平均法。满足“1日内水位变化缓慢（水位日变幅小于0.12m）”或“水位变化虽大，但属于等时局人工观测或自记水位计摘录”两者之一，即可使用算术平均法进行水位计算。

（2）面积包围法。当算术平均法的使用条件不满足时，均采用面积包围法，即将1日内0～24h水位过程线所包围的面积除以24h。

4. 比降的观测和计算

比降的观测要和上下游水尺同时观测。

五、注意事项

水位与高程数值一样，计算要有零点，因此必须指明其所用基面才有意义。基面是指确定水位和高程的起始水平面。

六、思考题

（1）了解其他水位测量方法？

（2）如何选取合适的水位观测时间？

（3）试叙述水位在水文工作中的意义。

第四节　流　量　测　量

一、实验目的

（1）了解流速仪的使用方法。

（2）了解如何测得点流速并计算流量。

二、实验原理

理论上：

$$v=f(h,b)$$

$$Q=\int_0^A v\,\mathrm{d}A=\int_0^B\int_0^h v\,\mathrm{d}h\,\mathrm{d}b=\int_0^B v_m h\,\mathrm{d}b$$

实用上：

$$Q=\sum_{i=1}^{n}q_i=\sum_{i=1}^{n}V_iA_i$$

其中n为有限值，所以求出的流量为一个近似值。通过对断面布设合理数目的测速垂线和测点来计算流量，下面是流量计算的基本步骤：

1. 计算垂线平均流速

一点法：

$$V_m=V_{0.6}$$

二点法：

$$V_m=\frac{1}{2}(V_{0.2}+V_{0.8})$$

三点法：

$$V_m=\frac{1}{3}(V_{0.2}+V_{0.6}+V_{0.8})$$

五点法：

$$V_m=\frac{1}{10}(V_{0.0}+3V_{0.2}+3V_{0.6}+2V_{0.8}+V_{1.0})$$

六点法：

$$V_m=\frac{1}{10}(V_{0.0}+2V_{0.2}+2V_{0.4}+2V_{0.6}+2V_{0.8}+V_{1.0})$$

十一点法：

$$V_m=\frac{1}{10}\left(\frac{1}{2}V_{0.0}+\sum_{i=1}^{9}V_{0,i}+\frac{1}{2}V_{1.0}\right)$$

2. 计算流速、流量

首先计算出各个部分的面积，之后进行平均流速的计算，如图 2-1 所示。

（1）岸边部分。

$$V_1=\alpha V_{m1}（左岸）$$

$$V_{n+1}=\alpha V_{mn}（右岸）$$

式中：α 为岸边系数，视岸边情况而定，斜坡岸边取 0.67～0.75，陡岸取 0.8～0.9，死水边取 0.6。

（2）中间部分。

$$V_i=\frac{1}{2}(V_{m_{i-1}}+V_{m_i})$$

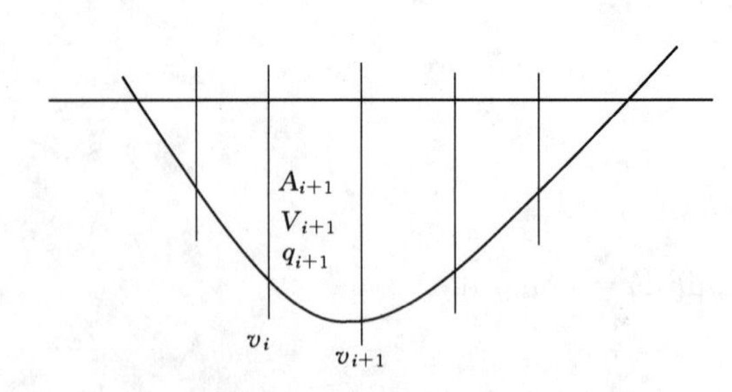

图 2-1　流量计算示意图

部分流量的计算即由各部分平均流速和部分面积之积求得部分流量。

$$q_i=V_iA_i$$

$$Q=q_1+q_2+q_3+q_4$$

三、实验设备

（1）转子流速仪。利用水流作用到水中流速仪的迎水面，由于转子的各个部分所受水压力不同，产生压差而使流速仪转子转动。转子的转速与水流速度成正比，测定转子的转速即可推求得水流速度。

（2）测深杆。

（3）秒表。

（4）钢卷尺。

四、实验步骤

（1）量测并绘制出断面图。
（2）布置测速垂线。
（3）用钢尺量测出各垂线的起点距。
（4）测量水深。
（5）测垂线上的流速，绘制表格，并且将各个流速记录在表格中。
（6）流量计算。

五、注意事项

（1）合理安排测量垂线位置及密度。
（2）选择合适的测速历时。

六、思考题

（1）测量垂线布置过密或者过疏有什么缺点？
（2）垂线流速计算公式中各个项的含义是什么？
（3）请调查除流速仪测速外的其他测流量方法有哪些？

第五节　泥　沙　测　验

一、实验目的

（1）泥沙测验，系统地收集泥沙数据，探明河流泥沙的来源、数量、特性和运动变化规律，为流域治理、河流开发和有关工程的规划设计与运行管理等提供依据。

（2）断面输沙率的测验目的主要是为了建立单沙与断沙的关系或悬移质输沙率与流量等水文要素的关系，以便由单沙和流量资料推求悬移质输沙率变化过程。

二、实验原理

$$Q=\int_0^B\int_0^h C_{si}v_i\,\mathrm{d}h\,\mathrm{d}b=\int_0^B q_{su}\int_0^B C_{sm}q_u\,\mathrm{d}b$$

式中：B、h 分别为水面宽和水深；v_i、C_{si} 分别为测点的流速和含沙量；$C_{si}v_i$ 为测点输沙率或单位输沙率；q_u、q_{su} 分别为单宽流量和单宽输沙率；C_{sm} 为垂线平均含沙量。

实用公式为

$$Q_s=\sum_{i=1}^{n}\overline{C}_{sm_i}q_i=\sum_{i=1}^{n}q_{si}$$

式中：n、m_i 分别为垂线数目和垂线上测点数目；$\overline{C}_{sm_i}$、q_i、q_{si} 分别为相邻两条测沙垂线间的部分平均含沙量和部分流量、部分输沙率。

测沙垂线布设原则：能控制含沙量沿河宽的转折变化；满足输沙率测验精度要求；河宽大于等于50m时，测沙垂线不少于5条；河宽小于50m时，测沙垂线最少为3条。

三、实验设备

（一）采样器

1. 瞬时式采样仪（横式采样仪）

横式采样仪如图2-2所示，仪器特点：适用于各种情况下的逐点法或混合法取样。筒口大，器壁薄，对水流扰动小，操作方便，适应各种水深和流速的水体。只能取瞬时水样，固定点单次的含沙量受泥沙脉动的影响大，代表性差。

2. 积时式采样仪（Time-Integrated Type Sampler）

积时式采样仪包括瓶式采样仪、调压式采样仪、皮囊式采样仪，有效容积有1L、2L、3L三种。适合于水深在1～5m的双程积深法。双程积深法：采样仪在垂线上匀速提放，在下放和上升的过程一直取水样。

（1）瓶式采样仪。瓶式采样仪如图2-3所示，其特点为：积时式采样仪取样历时长，减少了泥沙脉动现象对测沙精度的影响；由于受到突然进注现象影响，不宜在深水中使用；采样精度受到进口流速系数的影响；进口流速系数=进口流速V_1/天然流速V。

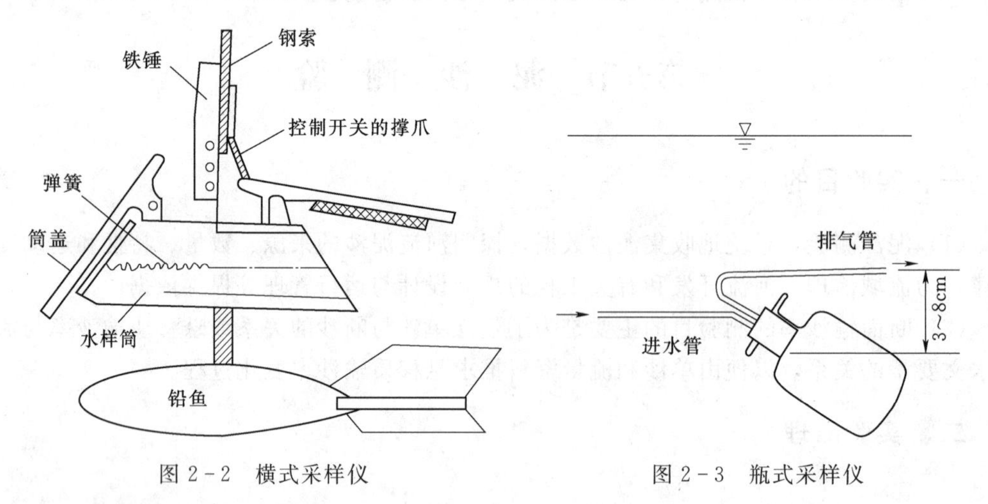

图2-2　横式采样仪　　　　图2-3　瓶式采样仪

（2）调压式采样仪。调压式采样仪如图2-4所示，具有调压舱、水样舱，两舱之间有连通管的积时式采样器。水样舱：取水样的容器。调压舱：为消除突然灌注现象，在采样器内设置的调压腔，它能使水样舱内的空气压力和器外静水压力平衡。

采样方式：积点法；全断面混合法。适用于含沙量小于30kg/m^{3}的水体。

（3）皮囊式采样器。皮囊式采样器如图2-5所示，特点是无调压舱，在初始状态将皮囊内的空气基本排除，然后以测点处的动压力水头进水，采集一定时段内悬移质泥沙水样，属积时式采样器。采样方式：积点法；积深法；混合法。

（二）测沙仪

测沙仪不必经过取样、烘干、称重、计算等操作过程，可直接测量水体的含沙量。

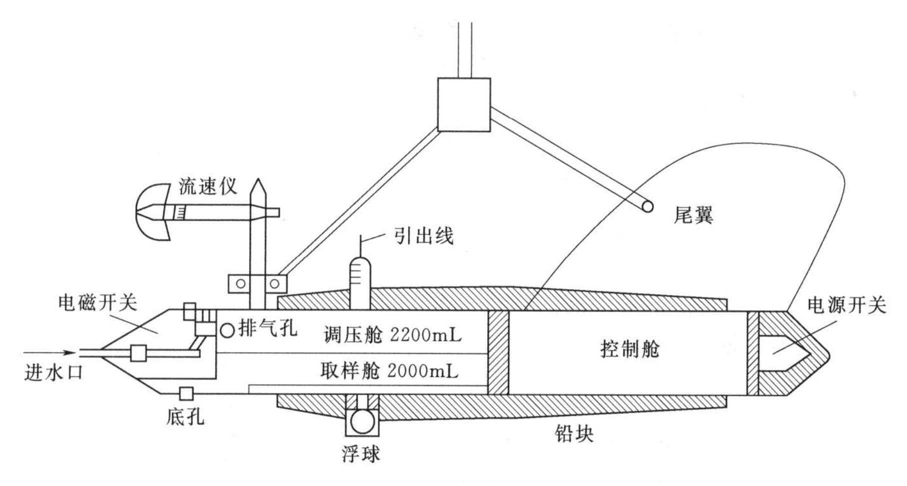

图 2-4　调压式采样仪

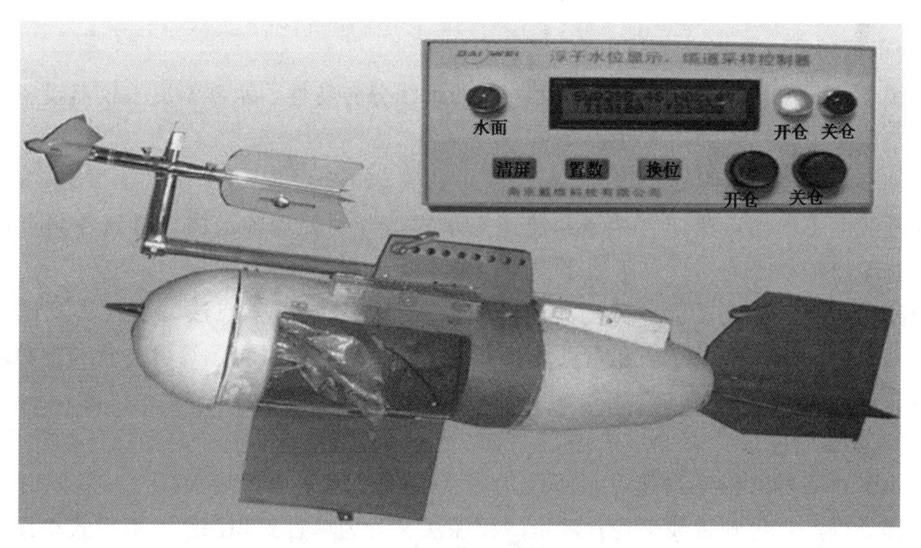

图 2-5　皮囊式采样器

1. 光电测沙仪

同一泥沙颗粒级配的含沙水体，含沙量越大，则透光度越小。用仪器测定水体的透光度，再查透光度与含沙量关系曲线得到含沙量。

2. 同位素测沙仪

根据放射性同位素 γ 射线通过不同含沙量的水体时，其强度有不同程度衰减的原理来测定含沙量。适用于含沙量大于 20kg/m^3 时的积点法测沙。

3. 振动式测沙仪

不同密度液体通过振动管时，振动频率会根据密度的不同而发生变化，据此测定含沙量。

四、实验步骤（悬移质输沙率测验步骤）

（一）布设测沙垂线

1. 原则

（1）能控制含沙量沿河宽的转折变化。

（2）满足输沙率测验精度要求。

2. 方法

（1）控制单宽输沙率转折点布线法。

（2）等部分流量中心线布线法（$n=Q/q$）。

$$\overline{C_s}=\frac{Q_s}{Q}=\frac{qC_{sm1}+qC_{sm2}+\cdots+qC_{smn}}{nq}=\frac{\sum_{i=1}^{n}C_{smi}}{n}$$

（3）等部分宽中心线布线法（$n=B/b$）。

（4）等部分面积中心线布线法（$n=A/a$）。

（二）垂线悬移质含沙量的测定

垂线平均含沙量的测定，可根据含沙量的垂线分布特性、水沙情况、仪器设备、测验目的和精度要求，选用如下方法：

1. 积点法（选点法）

在垂线上不同测点测定含沙量和流速采水样，分别处理各水样，得到各测点的含沙量，再按流速加权平均法计算垂线平均含沙量。

与测速相同，积点法测沙分畅流期：一点法、二点法、三点法、五点法及试验七点法。封冻期：一点法、二点法和六点法。多点法精度较高，且可测得含沙量和颗粒级配的断面分布情况。

2. 积深法

用积时式采样器以适当速度沿垂线匀速提放，连续采集垂线水样（一般同时测速），经过水样处理后，得到垂线平均含沙量。积深法又分为单程式积深法、双程式积深法。适用于流速较小、悬沙颗粒较细的情况。该方法水样处理工作量小，但不能测得含沙量和颗粒级配的垂线分布。积深法取样时，仪器提放速度 RT 确定：小于（0.1～0.3）v_m（垂线平均流速），不致灌满水样舱。

3. 垂线混合法

该方法也需要测速，但测速点与测沙点可以不一致。在垂线上用选点法按一定比例采集各测点水样并混合为一个水样处理，其含沙量即为垂线平均含沙量。

按容积比混合：在垂线上不同测点按一定体积比采水样，混合后，经水样处理，得到垂线平均含沙量。常对粗沙部分造成较大系统误差，比例应经试验资料分析确定。体积比由试验确定。如：0.2，0.6，0.8/2∶1∶1；0.2，0.8/1∶1。

按取样历时比混合：适用于历时式采样器取样，在垂线上不同测点按一定历时比例采水样，混合后，经水样处理，得到垂线平均含沙量。

4. 全断面混合法

在断面上按一定的规则取若干个水样，混合后求得含沙量，作为断面平均含沙量。

表 2-1　　取样方法

取样方法	取样相对水深位置	各点取样历时
二点法	0.2、0.8	0.5*t*、0.5*t*
三点法	0.2、0.6 、0.8	1/3*t*、1/3*t*、1/3*t*、
五点法	0.0、0.2、0.6 、0.8 、1.0	0.1*t*、0.3*t*、0.3*t*、0.2*t*、0.1*t*

全断面混合法的四种方法：

（1）等流量等容积全断面混合法。将断面流量分成多个大致相等的部分，在各部分流量的中间位置布设测沙垂线。每条测沙垂线上取相同体积的水样，再全断面混合。该方法适用于河床稳定和使用横式采样器的测站。

根据等部分流量中心线布线法计算断面平均含沙量。

（2）等宽等速积深取样全断面混合法。该方法主要适用于稳定的单式河槽和使用积时式采样器的测站。各测沙垂线位于各部分宽的中间，在各垂线上以同一管嘴和同一提放速度用积深法双程取样，作全断面混合处理。根据流量加权原理可以证明，混合水样的含沙量即断面平均含沙量。

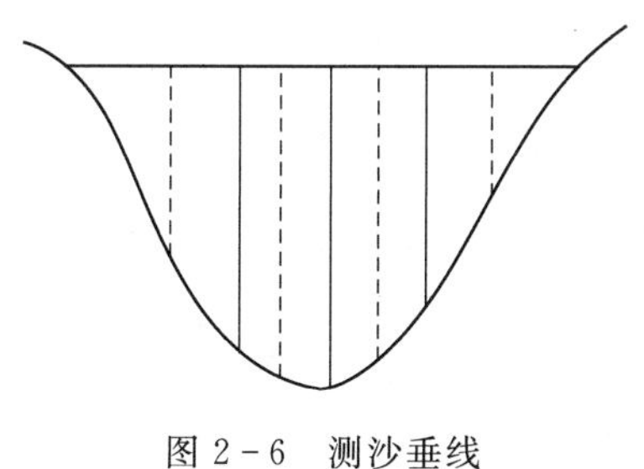

图 2-6　测沙垂线

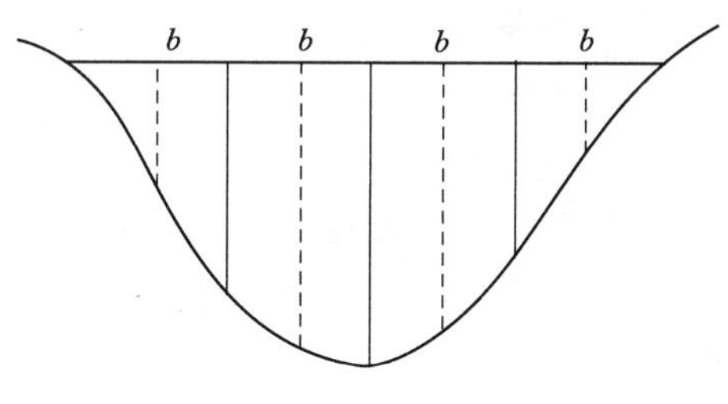

图 2-7　测沙垂线

（3）等面积等历时取样全断面混合法。该方法适用于河床稳定、测沙垂线固定并使用积时式采样器取样的测站。按等部分面积中心线法布设，在每条垂线上用同一管嘴和同一选点法取样，且各垂线取样历时相等，水样混合处理，即得断面平均含沙量。全断面混合水样的含沙量即断面平均含沙量。

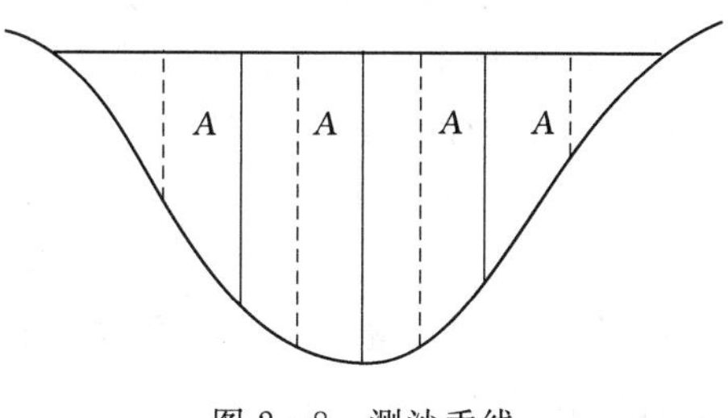

图 2-8　测沙垂线

（4）面积历时加权全断面混合法。该方法适用于河床稳定、测沙垂线固定并使用积时式采样器取样的测站。按部分面积的权重来分配各垂线的取样历时。各垂线按分配的取样历时，再由采用的某垂线混合法确定各测点的取样历时，全断面取得的水样混合处理，即得断面平均含沙量。

（三）相应单沙的测验

通常在测得的断面输沙率资料中，选取 1 条或 2～3 条测沙垂线的平均含沙量作为单

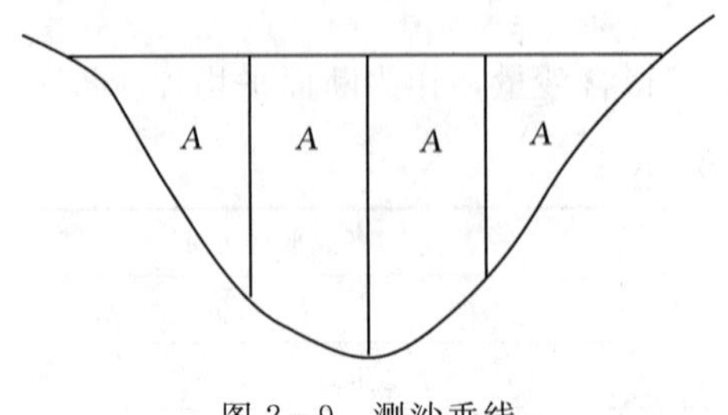

图 2-9 测沙垂线

沙。取样次数视沙情、水情的变化而定：一般在断沙测验的开始和终了各取一次；水沙平稳时可取一次；测验历时较长或含沙量变化急剧时，大致等时距取样，以控制沙峰的转折变化。

（四）悬移质水样处理

采取水样后，应在现场及时量取水样体积，并送泥沙室静置沉淀足够时间。吸出表层清水后得浓缩水样，然后用适当方法加以处理，测出水样中的干沙重量。再除以水样体积，即得水样含沙量，常用的水样处理方法有：

1. 烘干法

（1）量水样容积。

（2）沉淀浓缩水样。

（3）烘干烘杯并称重。

（4）将浓缩水样倒入烘杯，烘干、冷却。

（5）称沙杯总量，减去杯重，得干沙重 W_s（g 或 kg），则实测含沙量 $C_s=W_s/V$。该方法精度较高，可用于低含沙量的情况。

2. 过滤法

（1）量水样容积。

（2）沉淀浓缩水样。

（3）用滤纸过滤泥沙。

（4）烘干沙包（滤纸和泥沙）并称总重，减去滤纸重量得干沙重。该方法产生误差的环节较多，适用于含沙量较大的情况。

3. 置换法

（1）量水样容积。

（2）沉淀浓缩水样，装入比重瓶，并用澄清河水将残沙洗净，加满至一定刻度。

（3）测定比重瓶装满水后重量（瓶加浑水重）及浑水的温度。

（4）计算泥沙重量。

$$W_s=\frac{\rho_s}{\rho_s-\rho_w}(W_{ws}-W_w)$$

式中：W_s 为泥沙重量；ρ_s 为泥沙密度；ρ_w 为清水密度；W_{ws} 为瓶加浑水重；W_w 为同温度下瓶加清水重。

该方法可省去过滤、烘干等工作，简便快速；适用于含沙量较大的情况；含沙量低时所需水样较多。

（五）悬移质输沙率计算

1. 垂线平均含沙量计算（畅流期）（流速加权）

一点法：

$$C_{sm}=\eta C_{s0.6}$$

式中：η 为一点法系数，根据多点法资料确定。无资料时，取为 1。

二点法：

$$C_{sm}=\frac{C_{s0.2}V_{0.2}+C_{s0.8}V_{0.8}}{V_{0.2}+V_{0.8}}$$

三点法：

$$C_{sm}=\frac{C_{s0.2}V_{0.2}+C_{s0.6}V_{0.6}+C_{s0.8}V_{0.8}}{V_{0.2}+V_{0.6}+V_{0.8}}$$

五点法：

$$C_{sm}=\frac{C_{s0.0}V_{0.0}+3C_{s0.2}V_{0.2}+3C_{s0.6}V_{0.6}+2C_{s0.8}V_{0.8}+C_{1.0}V_{1.0}}{10V_m}$$

式中：C_{sm} 为垂线平均含沙量；C_{si} 为测点含沙量；V_i 为测点流速。

2. 计算断面输沙率 Q_s（累积和）

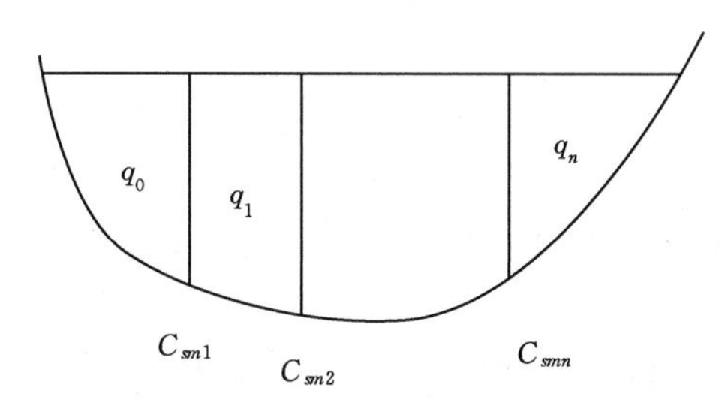

图 2-10　断面分割

$$Q_s=C_{sm1}q_0+\frac{C_{sm1}+C_{sm2}}{2}q_1+\frac{C_{sm2}+C_{Sm3}}{2}q_2+\cdots+\frac{C_{smn-1}+C_{smn}}{2}q_{n-1}+C_{smn}q_n$$

中间部分：算术平均法；岸边部分：岸边系数，取值为 1。

3. 面平均含沙量 $\overline{C}_s$

$$\overline{C}_s=\frac{Q_s}{Q}$$

4. 计算相应单沙

(1) 算术平均法：

$$\overline{C}_{su}=\frac{\sum_i C_{sui}}{n}$$

(2) 加权平均法：

$$\overline{C_{su}}=\frac{\overline{C_s}}{k}$$

其中

$$k=\frac{1}{Q}\left[\frac{q_0C_{sm1}}{C_{su1}}+\frac{q_nC_{smn}}{C_{sun}}+\sum_{i=1}^{n}\frac{\frac{1}{2}q_1(C_{smi-1}+C_{smi})}{\frac{1}{2}(C_{sui-1}+C_{sui})}\right]$$

（六）悬移质单沙测验

1. 单沙测验位置确定

对断面、水流稳定的测站选择具有代表性的实测输沙率资料，建立$\frac{C_{sm}}{C_s}$随河宽分布曲线，再选择$\frac{C_{sm}}{C_s}\approx 1$处的几条垂线作为初选代表性垂线：分别绘制各初选代表性垂线的C_{sm}与断面平均含沙量$\overline{C_s}$关系曲线，选取其中关系点偏离关系线标准差最小、且不出超过8%的垂线作为单沙测验位置。若找不到符合上述条件的一条垂线，则考虑用两条垂线的组合含沙量作为单沙，再进行上述分析。若用两条垂线的组合含沙量与断面平均含沙量，仍不能建立符合条件的关系线，则考虑分水位级进行上述分析，确定单沙测验位置。

2. 单沙的测次

一年内的测次，主要分布在洪水期，采用断面平均含沙量过程线法进行资料整编时，每次较大洪峰的测次不少于5次，平、枯水期，一类站每月5～10次，二、三类站每月测3～5次。

采用单断沙关系整编资料时，一类站单断沙关系与历年综合关系比较，其变化在3%以内时，一年测次不少于15次，二、三类站作同样的比较，其变化在5%以内时，一年测次不少于10次，历年变化在2%以内时，一年测次不少于6次，并应均匀分布在含沙量变幅范围内。

单断沙关系随水位级或时段不同而分为两条以上曲线时，每年悬移质输沙率测次，一类站不少于25次，二、三类站不少于15次，在关系曲线发生转折变化处，应分布测次。

五、注意事项

（1）悬移质单沙测验位置确定时，对断面、水流不稳定的测站选取中泓附近2～3条测沙垂线的测沙资料，分析各垂线含沙量与断面平均含沙量关系线，确定随主流摆动单沙测验位置。

（2）关于单沙的测次。采用单断沙关系比例系数过程线法整编资料时，测次应均匀分布并控制比例系数转折点，在流量和含沙量的主要转折变化处，应分布测次。

采用流量输沙率关系曲线法整编资料时，年测次分布应能控制各主要洪峰变化过程，平、枯水期分布少量测次。

（3）拟用单断沙关系法和单断沙颗粒级配关系法整编悬沙资料的测站，均应在施测断面输沙率或断面平均含沙量的同时施测相应单沙。

六、思考题

（1）什么叫全沙、含沙量、输沙率、单沙、相应单沙？

（2）悬移质输沙率测验步骤是什么？

（3）如何测定单沙？

（4）断面输沙率、断面平均含沙量计算方法有哪些？

第三章

水力学实验

第一节　沿程水头损失测定实验

一、实验目的

(1) 掌握测定管道沿程水头损失系数 λ 的方法。

(2) 绘制沿程水头损失系数 λ 与雷诺数 Re 的对数关系曲线。

二、实验原理

对通过一等直径管道中的恒定水流，在任意两过水断面 1 - 1、2 - 2 上写能量方程，可得：

$$h_f=\left(z_1+\frac{p_1}{\rho g}\right)-\left(z_2+\frac{p_2}{\rho g}\right)$$

同时，我们知道沿程水头损失的表达式：

$$h_f=\lambda\frac{l}{d}\frac{v^2}{2g}$$

则沿程水头损失系数 λ 为

$$\lambda=\frac{\left(z_1+\frac{p_1}{\rho g}\right)-\left(z_2+\frac{p_2}{\rho g}\right)}{\frac{l}{d}\frac{v^2}{2g}}=\frac{h_f}{\frac{l}{d}\frac{v^2}{2g}}$$

一般可认为 λ 与相对粗糙度 $\frac{k_s}{d}$ 及雷诺数 Re 有关。即 $\lambda=f\left(\frac{k_s}{d}, Re\right)$。

三、实验设备

实验设备及各部分名称如图 3 - 1 所示。

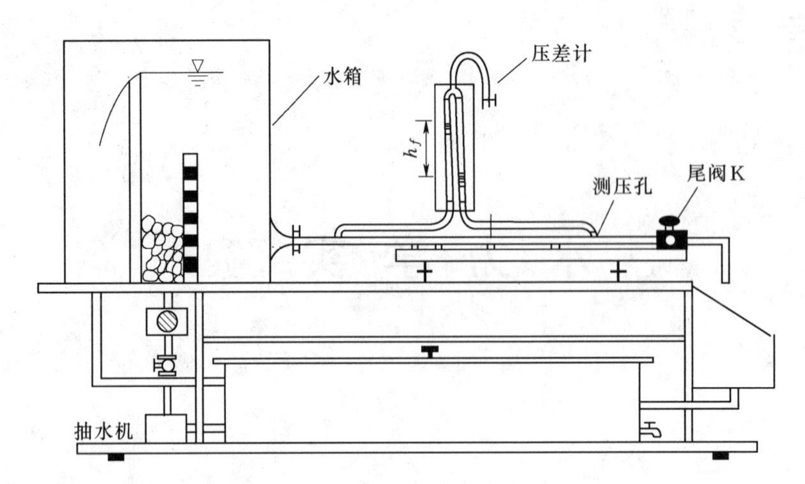

图 3-1　沿程水头损失实验仪示意图

四、实验步骤

(1) 熟悉实验设备，记录有关常数。

(2) 启动抽水机，打开进水阀门，使水箱充水，并保持溢流，使水位恒定。

(3) 尾阀 K 全关时，检查压差计的液面是否齐平，若不平，则需排气调平。

(4) 调节尾阀 K，使流量在压差计量程范围内达到最大，待水流稳定后记录压差计读数、水温和量测其流量，流量用体积法量测。

(5) 逐渐关闭尾阀 K，依次减小流量，量测各次流量和相应的压差值。共做 10～15 次。

(6) 用温度计测记本次实验的水温 t，并查得相应的 v 值，从而可计算出相应于每次流量下的雷诺数 Re 值。

五、注意事项

(1) 每次关闭尾阀 K 时要缓慢关闭，在层流时，压差为 3～5mm，在紊流时，压差可适当大些。

(2) 由于水流紊动原因，压差计液面有微小波动，当流速较大时，尤为显著。需待水流稳定时，读取上下波动范围的平均值。

(3) 测记水温，求雷诺数时用开始和终了两次水温的平均值求 v。

六、思考题

(1) 如将实验管道倾斜安装，压差计中的读数差是不是沿程水头损失 h_f 值？

(2) 随着管道使用年限的增加，$\lambda-Re$ 关系曲线将有什么变化？

(3) 本实验中的物理量有 d、l、Q、h_f 和水温 t，其中哪些物理量的量测精度对 λ 值的误差影响最大？

第二节 雷 诺 实 验

一、实验目的

（1）观察层流和紊流的流动特征及其转变情况，以加深对层流、紊流形态的感性认识。

（2）测定层流与紊流两种流态的水头损失与断面平均流速之间的关系。

（3）绘制水头损失 h_f 和断面平均流速的对数关系曲线，即 $\lg h_f - \lg v$ 曲线，并计算图中的斜率 m 和临界雷诺数 Re_c。

二、实验原理

同一种液体在同一管道中流动，当流速不同时，液体有两种不同的流态。当流速较小时，管中水流的全部质点以平行而不互相混杂的方式分层流动，这种形态的液体流动叫层流。当流速较大时，管中水流各质点间发生互相混杂的运动，这种形态的液体流动叫做紊流。

层流与紊流的沿程水头损失规律也不同。层流的沿程水头损失大小与断面平均流速的1次方成正比，即 $h_f \propto v^{1.0}$。紊流的沿程水头损失与断面平均流速的1.75～2.0次方成正比，即 $h_f \propto v^{1.75 \sim 2.0}$。

视水流情况，可表示为 $h_f = kv^m$，式中 m 为指数，或表示为 $\lg h_f = \lg k + m\lg v$。

每套实验设备的管径 d 固定，当水箱水位保持不变时，管内即产生恒定流动。沿程水头损失 h_f 与断面平均流速 v 的关系可由能量方程导出：

$$z_1 + \frac{p_1}{\rho g} + \frac{\alpha_1 v_1^2}{2g} = z_2 + \frac{p_2}{\rho g} + \frac{\alpha_2 v_2^2}{2g} + h_f$$

当管径不变，$v_1 = v_2$，取 $\alpha_1 = \alpha_2 \approx 1.0$，所以：

$$h_f = \left(z_1 + \frac{p_1}{\rho g}\right) - \left(z_2 + \frac{p_2}{\rho g}\right) = \Delta h$$

Δh 值由压差计读出。

在圆管流动中采用雷诺数来判别流态：

$$Re = \frac{vd}{\nu}$$

式中：v 为圆管水流的断面平均流速；d 为圆管直径；ν 为水流的运动黏滞系数。

当 $Re < Re_c$（下临界雷诺数）时为层流状态，$Re = 2320$；$Re > Re_c'$（上临界雷诺数）时为紊流状态，Re_c' 在4000～12000之间。

三、实验设备

实验设备及各部分名称如图3-2所示。

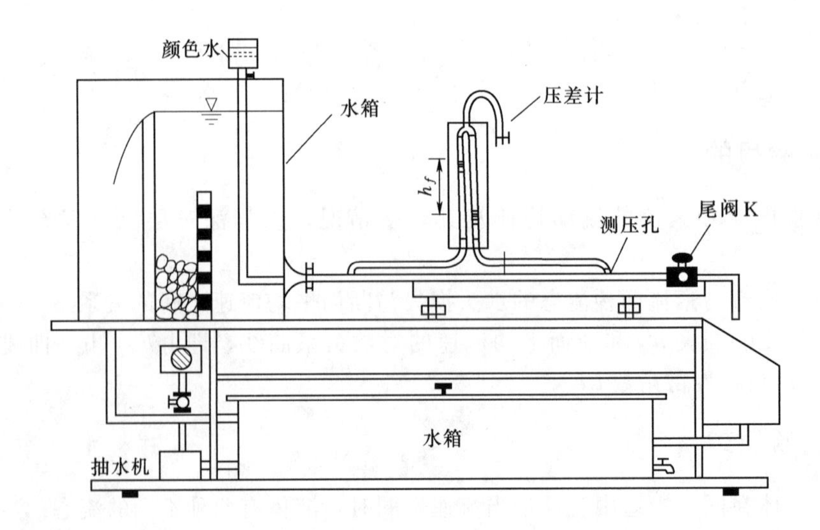

图3-2 雷诺实验仪示意图

四、实验步骤

（一）观察流动形态

将进水管打开使水箱充满水，并保持溢流状态；然后用尾部阀门调节流量，将阀门微微打开，待水流稳定后，注入颜色水。当颜色水在试验管中呈现一条稳定而明显的流线时，管内即为层流流态，如图3-2所示。

随后渐渐开大尾部阀门，增大流量，这时颜色水开始颤动、弯曲，并逐渐扩散，当扩散至全管，水流紊乱到已看不清着色流线时，这便是紊流流态。

（二）测定 h_f -v 的关系及临界雷诺数

（1）熟悉仪器，测记有关常数。

（2）检查尾阀全关时，压差计液面是否齐平，若不平，则需排气调平。

（3）将尾部阀门开至最大，然后逐步关小阀门，使管内流量逐步减少；每改变一次流量，均待水流平稳后，测定每次的流量，水温和试验段的水头损失（即压差）。流量 Q 用体积法测量。用量筒量测水的体积 V，用秒表计时间 T。流量 $Q=\frac{V}{T}$。相应的断面平均流速 $v=\frac{Q}{A}$。

（4）流量用尾阀调节，共做10次。当 $Re<2500$ 时，为精确起见，每次压差减小值只能为3～5mm。

（5）用温度计量测当日的水温，由此可查得运动黏滞系数 ν，从而计算雷诺数 $Re=\frac{vd}{\nu}$。

（6）相反，将调节阀由小逐步开大，管内流速慢慢加大，重复上述步骤。

五、注意事项

（1）在整个试验过程中，要特别注意保持水箱内的水头稳定。每变动一次阀门开度，均待水头稳定后再量测流量和水头损失。

（2）在流动形态转变点附近，流量变化的间隔要小些，使测点多些以便准确测定临界雷诺数。

（3）在层流流态时，由于流速 v 较小，所以水头损失 h_f 值也较小，应耐心、细致地多测几次。同时注意不要碰撞设备并保持实验环境的安静，以减少扰动。

六、思考题

（1）要使注入的颜色水能确切反映水流状态，应注意什么问题？

（2）如果压差计用倾斜管安装，压差计的读数差是不是沿程水头损失 h_f 值？管内用什么性质的液体比较好？其读数怎样进行换算为实际压强差值？

（3）为什么上、下临界雷诺数值会有差别？

第三节　伯努利能量方程实验

一、实验目的

（1）观察恒定流的情况下，当管道断面发生改变时水流的位置势能、压强势能、动能的沿程转化规律，加深对能量方程的物理意义及几何意义的理解。

（2）观察均匀流、渐变流断面及其水流特征。

（3）掌握急变流断面压强分布规律。

（4）测定管道的测压管水头及总水头值，并绘制管道的测压管水头线及总水头线。

二、实验原理

实际液体在有压管道中作恒定流动时，其能量方程如下：

$$z_1+\frac{p_1}{\rho g}+\frac{\alpha_1 v_1^2}{2g}=z_2+\frac{p_2}{\rho g}+\frac{\alpha_2 v_2^2}{2g}+h\omega$$

公式表明：液体在流动的过程中，液体的各种机械能（单位位能、单位压能和单位动能）是可以互相转化的。但由于实际液体存在黏性，液体运动时为克服阻力而要消耗一定的能量，也就是一部分机械能转化为热能而散逸，即水头损失。因而机械能应沿程减小。

对于均匀流和渐变流断面，其压强分布符合静水压强分布规律：

$$z+\frac{p}{\rho g}=C \text{ 或 } p=p_0+\rho g h$$

但不同断面的 C 值不同。

对于急变流，由于流线的曲率较大，因此惯性力亦将影响过水断面上的压强分布规律：

上凸曲面边界上的急变流断面如图 3－3（a）所示，离心力与重力方向相反，所以$p_{动}<p_{静}$。

下凹曲面边界上的急变流断面如图 3－3（b）所示，离心力与重力方向相同，所以$p_{动}>p_{静}$。

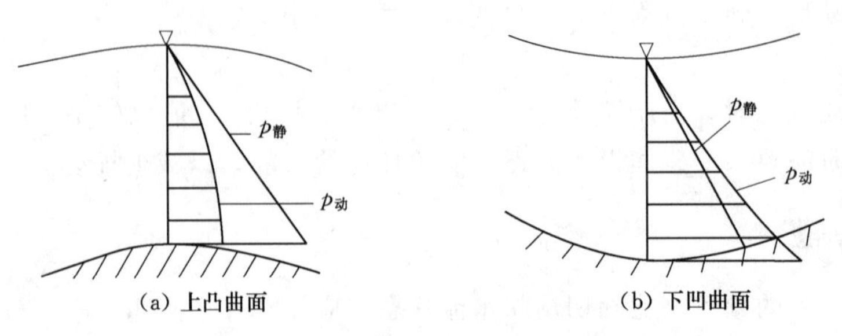

图 3－3　急变流断面动水压强分布图

三、实验设备

实验设备及各部分名称如图 3－4 所示。

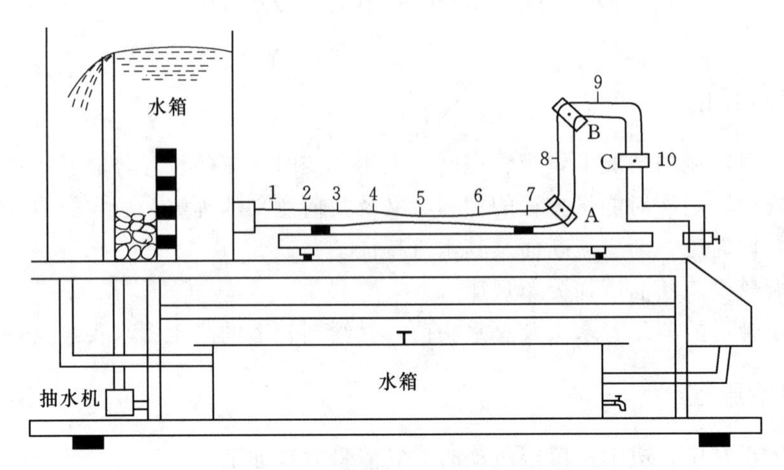

图 3－4　能量方程实验仪示意图

四、实验步骤

（1）分辨测压管与毕托管并检查橡皮管接头是否接紧。

（2）启动抽水机，打开进水阀门，使水箱充水并保持溢流，使水位恒定。

（3）关闭尾阀 K，检查测压管与毕托管的液面是否齐平。若不平，则需检查管路中是否存在气泡并排出。

（4）打开尾阀 K，量测测压管及毕托管水头。

（5）观察急变流断面 A 及 B 处的压强分布规律。

（6）本实验共做两次。

五、注意事项

（1）尾阀 K 开启一定要缓慢，并注意测压管中水位的变化，不要使测压管水面下降太多，以免空气倒吸入管路系统，影响实验进行。

（2）流速较大时，测压管水面有脉动现象，读数时要读取时均值。

六、思考题

（1）实验中哪个测压管水面下降最大？为什么？

（2）毕托管中的水面高度能否低于测压管中的水面高度？

（3）在逐渐扩大的管路中，测压管水头线是怎样变化的？

第四节　静水压力试验

一、实验目的

（1）加深对水静力学基本方程物理意义的理解，验证静止液体中，不同点对于同一基准面的测压管水头为常数（即 $z+\frac{p}{\rho g}=C$）。

（2）学习利用 U 形管测量液体密度。

（3）建立液体表面压强 $p_0>p_a$、$p_0<p_a$ 的概念，并观察真空现象。

（4）测定在静止液体内部 A、B 两点的压强值。

二、实验原理

在重力作用下，水静力学基本方程为

$$z+\frac{p}{\rho g}=C$$

它表明：当质量力仅为重力时，静止液体内部任意点对同一基准面的 z 与 $\frac{p}{\rho g}$ 两项之和为常数。

重力作用下，液体中任一点静水压强：

$$p=p_0+\rho g h$$

式中：p_0 为液体表面压强。

$p_0>p_a$ 为正压；$p_0<p_a$ 为负压，负压可用真空压强 p_v 或真空高度 h_v 表示：

$$p_v=p_a-p_{abs}$$

$$h_v=\frac{p_v}{\rho g}$$

重力作用下，静止均质液体中的等压面是水平面，利用互相连通的同一种液体的等压面原理，可求出待求液体的密度。

三、实验设备

在一全透明密封有机玻璃箱内注入适量的水，并由一乳胶管将水箱与一可升降的调压筒相连。水箱顶部装有排气阀 K_1，可与大气相通，用以控制容器内液体表面压强。U 形管压差计所装液体为油，$\rho_{油}<\rho_{水}$，通过升降调压筒可调节水箱内液体的表面压强，如图 3-5 所示。

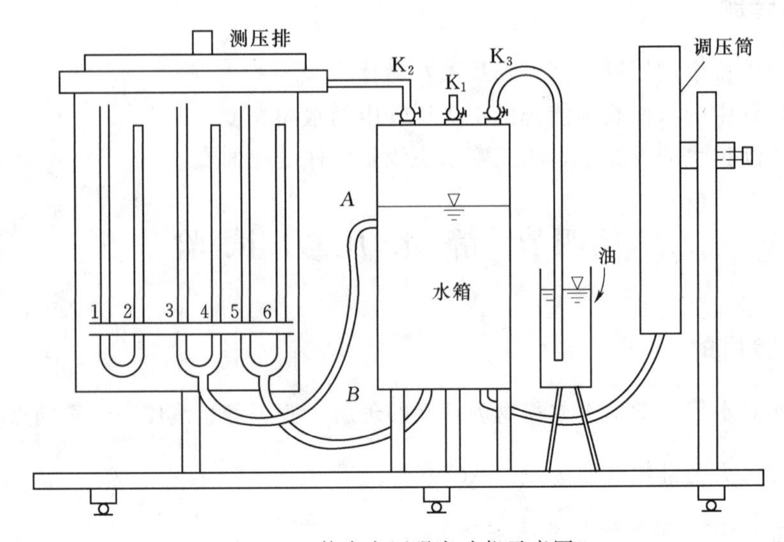

图 3-5 静水点压强实验仪示意图

四、实验步骤

（1）熟悉仪器，测记有关常数。

（2）将调压筒放置适当高度，打开排气阀 K_1，使水箱内的液面与大气相通，此时液面压强 $p_0=p_A$。待水面稳定后，观察各 U 形压差计的液面位置，以验证等压面原理。

（3）关闭排气阀 K_1，将调压筒升至某一高度。此时水箱内液面压强 $p_0>p_A$。观察各测压管的液面高度变化并测记液面标高。

（4）继续提高调压筒，再做两次。

（5）打开排气阀 K_1，使之与大气相通，待液面稳定后再关闭 K_1（此时不要移动调压筒）。

（6）将调压筒降低至某一高度。此时 $p_0<p_A$。观察各测压管的液面高度变化并测记标高，重复两次。

（7）将调压筒升至适当位置，打开排气阀 K_1，实验结束。

五、注意事项

（1）升降调压筒时，应轻拉轻放，每次调整高度不宜过大。

（2）在测记测压管液面标高时，一定要待液面稳定后再读。若 p_0 未变而测压管水面持续变化时，则表明阀门漏气，应采取修复措施。

六、思考题

(1) 什么情况下图 3-5 中 3、4 两根测压管的高度相同？

(2) 液面标高$\nabla_4-\nabla_3$与$\nabla_6-\nabla_5$相等吗？为什么？

(3) 调压筒的升降为什么能改变容器的液面压强 p_0？

第四章

地下水动力学实验

第一节 达西渗流实验

一、实验目的

（1）了解达西实验装置，通过稳定流条件下的渗流实验，测定不同粒径填料的渗透系数 K 值。

（2）加深理解渗流速度、水力梯度、渗透系数之间的关系，并验证达西定律。

二、实验仪器

（1）达西实验装置（自行设计，图 4-1），分别装有不同粒径的均质试样：①砂体（粒径＜0.5mm，0.7～1mm）；②煤块（粒径 5～10mm）；③砖块（粒径 5～10mm）。

（2）秒表、量筒、直尺、温度计、电子秤等。

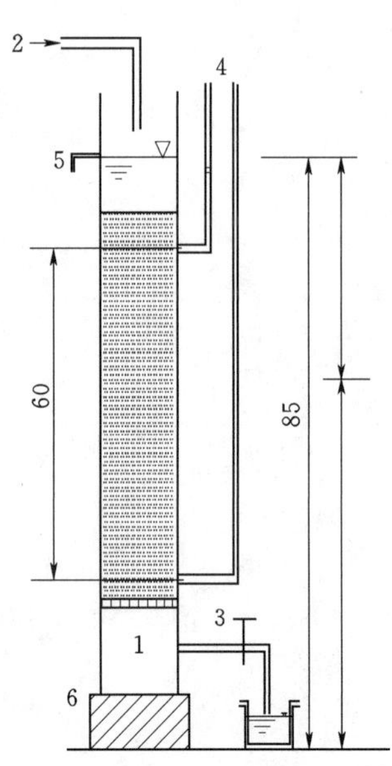

图 4-1 达西实验装置示意图

1—试样；2—进水管；3—出水管；4—测压管；5—溢流口；6—仪器架

三、实验原理

根据达西线性渗透定律，在常水头条件下，水流在单位时间内透过岩石空隙的流量 Q 与岩石的断面面积 ω、水力坡度 I 成正比：

$$Q=K\omega\frac{\Delta H}{L}=K\omega I$$

式中：Q 为渗透流量，cm^3；ω 为过水断面面积，cm^2；ΔH 为上下游过水断面的水头差，cm；L 为渗透途径，cm；I 为水力梯度。

由上式可推知，$K=\frac{Q}{\omega I}=\frac{V}{I}$，亦即渗透系数在数值上等于水力坡度为1时，透过某单位过水断面的渗流量（亦即渗流速度）。据此原理可以测定不同试样的渗透系数。

四、实验步骤

（1）测量仪器的几何参数。分别测量过水断面面积 ω、测压管a、b的间距或渗透途径 L；记入表4-1。

表4-1　　达西渗流实验报告表

仪器编号：过水断面面积 ω(cm)　渗透途径 L（cm）　水温（℃）

土样名称	实验次数	水力梯度 I				渗透流速 v				渗透系数 K	
		测压管水头		水头差/cm	水力梯度	渗透时间	渗透体积	渗透流量	渗透流速	$K=\frac{Q}{\omega I}=\frac{V}{I}$	
		H_a/cm	H_b/cm	$\Delta H=H_a-H_b$	$I=\Delta H/L$	t/s	V/cm^3	/(cm^3/s) $Q=V/t$	/(cm/s) $v=Q/\omega$	cm/s	m/d
	1										
	2										
	3										
	4										
	5										
	6										
	7										
	8										
平均											

（2）调试仪器。打开进水管，将水引入实验筒内，底部控制阀T打开，此时要保持溢水管有少量水溢出，此时可进行第一次实验。

（3）测定水头。待 a、b 两个测压管的水位稳定后，读出各测压管的水头值，记入表4-1中。

（4）测定流量。在进行步骤（3）的同时，利用秒表和量筒测量 t 时间内水管流出的水体积，及时计算流量 Q。连测两次，使流量相对误差小于5%［相对误差］，$\delta=\frac{|Q_2-Q_1|}{(Q_1+Q_2)/2}\times100\%$取平均值记入。

（5）由大往小调节进水量，改变a、b两个测压管的读数，重复步骤（3）和（4）。

（6）重复第（5）步骤8～10次。即完成8～10次实验，取得8～10组数据。

（7）按记录表计算实验数据。

五、注意事项

实验过程中要及时排除气泡。

为使渗透流速-水力梯度（$v-I$）曲线的测点分布均匀，流量（或水头差）的变化要控制合适。

六、实验成果

提交实验报告表（表 4－1）。

在同一坐标系内绘出三种试样的曲线，并分别用这些曲线求渗透系数 K 值，与直接数据中实验数据计算结果进行对比。

七、思考题

（1）为什么要在测压管水位稳定后测定流量？

（2）将达西实验装置平放或斜放进行实验时，其结果是否相同？为什么？

（3）比较不同试样的 K 值，分析影响渗透系数 K 值的因素。

第二节　裘布依型潜水稳定井流实验

一、实验目的

（1）观测圆形定水头边界潜水井流的水动力现象。

（2）利用实验资料求含水层渗透系数。

（3）利用抽水井水位和补给边界水位，用裘布依井流公式计算观测孔水位值，并与实测值对比。

二、实验装置

如图 4－2 所示为一扇形渗流砂槽，扇形圆心角 30°（圆的 1/12），补给半径 $R=300\text{cm}$，抽水井半 $r_w=19\text{cm}$。渗流槽的后壁面按一定间距设有测压计观测孔。底板上有三排完整型、非完整型及测压计观测孔，分别用 X、Y 和 Z 表示（其中非完整型观测孔 Y 的下部 40cm 段不进水，完整型观测孔 X 从潜水面到底板全部进水，Z 为设在底板上的测压计观测孔）。通过测压管板可以读取各点的测压水头值。

渗流槽两侧装有溢水装置，用以稳定抽水井和补给边界的水位，升降该溢水装置可控制抽水井或补给边界水位高低。

三、实验步骤

（1）准备好量筒和秒表。

（2）熟悉仪器结构与功能。

（3）调节两侧溢水装置，使抽水井和补给边界达到合适的水位（井降深应远远小于含水层厚度），排除测压管内的气泡。

（4）待形成稳定流动后，读取测压管水位，记入表 4－2。

（5）同时用量筒和秒表测抽水井流量。

（6）观察井壁存在的水跃现象。

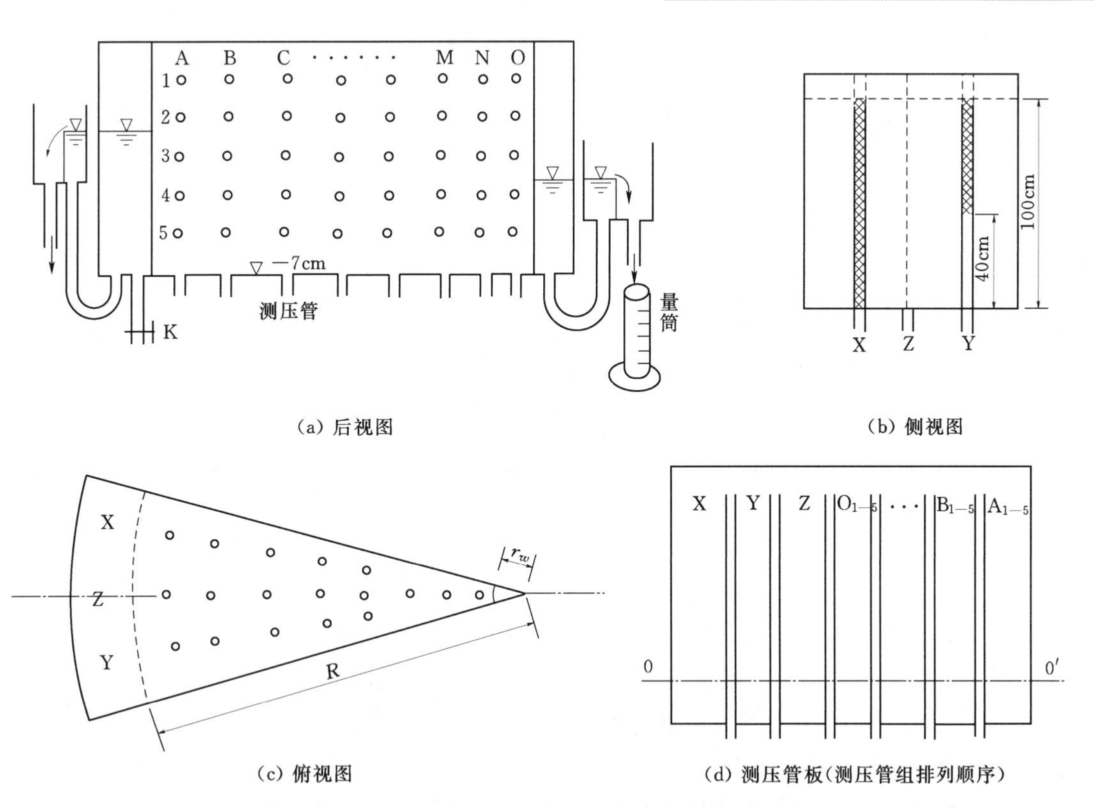

(a) 后视图

(b) 侧视图

(c) 俯视图

(d) 测压管板(测压管组排列顺序)

图 4-2　裘布依型潜水稳定井流模拟实验装置图

X—完整型观测孔；Y—非完整型观测孔（上部井水）；Z—测压计观测孔

表 4-2　观测数记录表

r/cm	O 12	N 14	M 16	L 20	K 26	J 34	I 44	H 64	G 84	F 104	E 124	D 164	C 204	B 244	A 284
2 (80)															
3 (60)															
4 (40)															
5 (20)															
Z (0)															
X (0)															
Y (0)															
补给边界水位 /cm			井中水位 /cm					井流量 Q_w /(cm^3/s)							

四、实验成果

计算渗透系数及水头线，记入表 4-3。

表 4-3　　计算水头和渗透系数

<table>
<tr><td>r/cm</td><td>O
12</td><td>N
14</td><td>M
16</td><td>L
20</td><td>K
26</td><td>J
34</td><td>I
44</td><td>H
64</td><td>G
84</td><td>F
104</td><td>E
124</td><td>D
164</td><td>C
204</td><td>B
244</td><td>A
284</td></tr>
<tr><td>计算水头
/cm</td><td></td><td></td><td></td><td></td><td></td><td></td><td></td><td></td><td></td><td></td><td></td><td></td><td></td><td></td><td></td></tr>
<tr><td rowspan="3">计算渗透系数
/(m/d)</td><td>1</td><td colspan="4">利用主井和近主井观测孔（1）数据</td><td colspan="5">主井 h_W=
观测孔 h_1=</td><td colspan="5">$K_{主\text{-}1}$=</td></tr>
<tr><td>2</td><td colspan="4">利用主井和远离主井观测孔（2）数据</td><td colspan="5">主井 h_W=
观测孔 h_2=</td><td colspan="5">$K_{主\text{-}2}$=</td></tr>
<tr><td>3</td><td colspan="4">利用两个观测孔数据</td><td colspan="5">观测孔（1）hz=
观测孔（2）hz=</td><td colspan="5">$K_{1\text{-}2}$=</td></tr>
</table>

五、思考题

（1）在方格纸上画出计算水头线和实测水头线，并进行对比，说明两者不一致原因。

（2）沿流向的各铅直面上测压管水头有什么变化规律？为什么？

（3）试分析相同径距断面上 X、Y、Z 三种观测孔水位高低的规律及其原因。

（4）表 4-3 中计算得到的渗透系数 $K_{主\text{-}1}$、$K_{主\text{-}2}$、$K_{1\text{-}2}$ 不一致的原因何在？实际工作中选用哪个参数更合适？

（5）通过实验，你认为利用抽水试验资料求参数时，选择或布置观测孔时应注意什么问题？

第三节　渗水试验（野外）

渗水试验是野外测定包气带非饱和松散岩层的渗透系数的常用的简易方法。利用该试验资料研究区域性水均衡以及水库、灌区、渠道渗漏量等都是十分重要的。最常用的是试坑法、单环法和双环法，以双环法的精度最高。

该实验方法的基本原理为：在一定的水文地质边界内，向地表松散岩层进行注水，使渗入的水量达到稳定，即单位时间的渗入水量近似相等时，再利用达西定律原理求出渗透系数 K 值。由于松散岩层分为砂性土和黏性土两类，应考虑渗水试验对其侧向渗透及毛细力作用不同的影响，力求提高精度应当分别用不同的方法：对砂土和粉土，可采用试坑法或单环法；对黏性土应采用双环法。另外，试验应选择在潜水埋藏深度大于 5m 的地方为好。如果潜水埋深小于 2m 时，因渗透路径太短，测得的渗透系数误差较大。

此处主要介绍用双环法野外测定包气带非饱和松散岩层的渗透系数。

一、实验目的

双环法试验是野外测定包气带松散岩层渗透系数的常用简易方法，试验结果更接近实际情况。

二、实验原理

在一定的水文地质边界内向地表松散岩层进行注水，使渗入的水量达到稳定，即单位时间的渗入水量近似相等时，再利用达西定律原理求出渗透系数 K 值。

在坑底嵌入两个高约 20cm，直径分别为 0.25m 和 0.50m 的铁环（图 4-3），试验时同时往内、外铁环内注水，并保持内外环的水柱都保持在同一高度，以 0.1m 为宜，由于外环渗透场的约束作用使内环的水只能垂向渗入，因而排除了侧向渗流的误差，因此它比试坑法和单环法的精度都高。

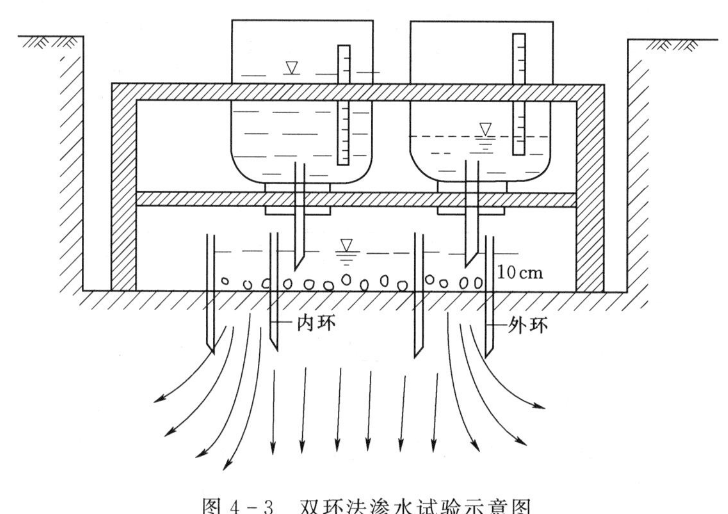

图 4-3　双环法渗水试验示意图

三、实验仪器

双环、铁锹、供水瓶、支架、洛阳铲、尺子、水桶、胶带、橡皮管。

四、实验步骤

（1）选择试验场地，最好在潜水埋藏深度大于 5m 的地方为好。如果潜水埋深小于 2m 时，因渗透路径太短，测得的渗透系数误差较大。

（2）按双环法渗水试验示意图（图 4-3），安装好试验装置。

（3）往内、外铁环内注水，并保持内外环的水柱都保持在同一高度，以 0.1m 为宜。

（4）按一定的时间间隔观测渗入水量。开始时因渗入量大，观测间隔时间要短，稍后按一定时间间隔比如每 10min 观测一次，直至单位时间渗入水量达到相对稳定，再延续 2～4h 即可结束试验。

五、注意事项

（1）随时保持内外环的水柱都保持在 0.1m 的同一高度。

（2）向供水瓶注水时，做好水量转换的换算。

六、实验成果

（1）野外渗水试验的记录格式见表 4－4。

表 4－4　　野外渗水试验记录

工程名称试验者

工程编号计算者

试验日期校核者

试验次数	经过的时间 /s	供水瓶的下降高度 /cm	渗透流量 /(m^3/d)	渗透速度 /(m/d)	渗透系数 /(m/d)
	(1)	(2)	$(3)=(2)\times w_1\times 10^{-6}\times 86400/(1)$	$(4)=(3)/w_2$	$(5)=(4)/I$

注　w_1 为供水瓶的横截面积 cm^2；w_2 为双环试验内环的横截面积 cm^2；I 为水力梯度。

（2）计算渗透系数。

$$K=\frac{Q}{I\omega}$$

根据达西定律：

$$I=\frac{H_k+Z+L}{L}$$

式中：Q 为稳定渗流量，m^3/d；K 为渗透系数，m/d；ω 为渗坑底面积，m^2；Z 为渗坑内水层厚度，m；L 为在试验时间段内，水由试坑底向土层中渗透的深度，m；H_k 为水向干土中渗透时，所产生的毛细压力，以水柱高表示，m。

L 值可在试验后用手摇钻取样，测定其含水量变化得知。H_k 按表 4－5 确定。如果当试验层为粗砂或粗砂卵石层，而试坑中水层厚度为 10cm 时，H_k 与 Z 及 L 相比则很小 I 近似等于 1，则 $K=\frac{Q}{\omega}=v$（渗透速度）。

若试验土层是黏性土类，可按 H_k 的实际数值代入公式计算得出 I 值，再利用 $K=\frac{V}{I}$ 求得渗透系数 K。

表 4－5　　不同岩性毛细压力 H_k 表

岩石名称	H_k/m	岩石名称	H_k/m
重亚黏土	≈1.0	细粒黏土质砂	0.3
轻亚黏土	0.8	粉砂	0.2
重亚砂土	0.6	细砂	0.1
轻亚砂土	0.4	中砂	0.05

（3）成果。

1）绘制试坑平面位置图。

2）绘制试坑水文地质与技术安装剖面图。

3）计算渗透系数。

为了解在渗水试验过程中渗透流量及渗透速度随时间的变化，可绘制渗透流量及渗透速度随的历时曲线。

总之，渗水试验一般不能精确地测定岩土的渗透系数，因为渗透水流所经过的岩土空隙中大约有25%的空间有残存空气，这对所测数据有明显的影响。

七、思考题

（1）为什么在双环试验中保持内、外环水层高度一致很重要？如何在实验过程中尽量避免人为误差？

（2）讨论渗水试验各方法的适用性。

第五章

水文地球化学实验

第一节　水　质　测　验

一、pH 值的测量

pH 值是水中氢离子活度的负对数。$pH=-\log_{10}a_{H^+}$。

pH 值是环境监测中常用和重要的检验项目之一，可间接表示水的酸碱程度。天然水的 pH 值多在 6～9 范围内。这也是我国污水排放标准中的 pH 值控制范围。

由于 pH 值受水温影响而变化，测定时应在规定的温度下进行，或者校正温度。通常采用玻璃电极法和比色法测定 pH 值。比色法简便，但受色度、浊度、胶体物质、氧化剂、还原剂及盐度的干扰。玻璃电极法基本上不受以上因素的干扰。然而，pH 值在 10 以上时，产生“钠差”，读数偏低，需选用特制的“低钠差”玻璃电极，或使用与水样的 pH 值相近的标准缓冲溶液对仪器进行校正。

(一) 实验目的

(1) 了解 pH 值的测定原理和测定方法。

(2) 掌握玻璃电极和便携式 pH 计的使用，便于在实验室内和野外现场进行水样 pH 值的测定。

(二) 实验设备

玻璃电极法测定 pH 值使用的主要仪器有：①各种型号的 pH 计；②玻璃电极；③甘汞电极或银-氯化银电极。

便携式 pH 计法测定时使用的设备为各种型号的便携式 pH 计。

(三) 实验原理

(1) 玻璃电极法测定 pH 值的原理。以玻璃电极为指示电极，饱和甘汞电极为参比电极组成电池。在 25℃理想条件下，氢离子活度变化 10 倍，使电动势偏移 59.16mV，根据电动势的变化测量出 pH 值。

(2) 便携式 pH 计常用复合电极法，方法原理与室内使用的 pH 值测量装置类似。以玻璃电极为指示电极，以 Ag/AgCl 等为参比电极合在一起组成 pH 复合电极。利用 pH 复合电极电动势随氢离子活度变化而发生偏移来测定水样的 pH 值。

随着科学技术的发展，各类型的 pH 计均有温度补偿装置，用以校正温度对电极的影响，用于常规水样监测可准确至 0.1pH 单位。较精密仪器可准确到 0.01 pH 单位。需要注意的是，为了提高测定的准确度，校准仪器时选用的标准缓冲溶液的 pH 值应与水样的 pH 值接近。

（四）实验步骤

1. 玻璃电极法测定 pH 值的基本步骤

（1）按照仪器使用说明书准备。

（2）配置试剂标准溶液。

（3）将水样与标准溶液调到同一温度，记录测定温度，把仪器温度补偿旋钮调至该温度处。

（4）水样测定。

2. 便携式 pH 计的基本测定步骤

（1）按照仪器使用说明书进行准备。

（2）配置标准缓冲溶液，与上述玻璃电极法相同。

（3）将仪器温度补偿旋钮调至待测水样温度处，选用与水样 pH 值相差不超过 2 个 pH 单位的标准溶液校准仪器。

（4）水样测定。

（五）注意事项

1. 玻璃电极法测定水样 pH 值时的注意事项

（1）玻璃电极在使用前应在蒸馏水中浸泡 24h 以上。用毕，冲洗干净，浸泡在纯水中。盛水容器要防止灰尘落入和水分蒸发干涸。

（2）测定时，玻璃电极的球泡应全部浸入溶液中，使它稍高于甘汞电极的陶瓷芯端，以免搅拌时碰破。

（3）玻璃电极的内电极与球泡之间以及甘汞电极的内电极与陶瓷芯之间不能存在气泡，以防断路。

（4）甘汞电极的饱和氯化钾液面必须高于汞体，并应有适量氯化钾晶体存在，以保证氯化钾溶液的饱和。使用前必须先拔掉上孔胶塞。

（5）为防止空气中二氧化碳溶入或水样中二氧化碳逸失，测定前不宜提前打开水样瓶塞。

（6）玻璃电极球泡受污染时，可用稀盐酸溶解无机盐污垢，用丙酮除去油污（但不能用无水乙醇）后再用纯水清洗干净。按上述方法处理的电极应在水中浸泡一昼夜再使用。

（7）注意电极的出厂日期，存放时间过长的电极性能将变劣。

国产玻璃电极与饱和甘汞电极建立的零电位 pH 值有两种规格，选择时应注意与 pH 计配套。

2. 便携式 pH 计现场测定时的注意事项

（1）由于不同复合电极构成各异，其浸泡方式会有所不同，有些电极要用蒸馏水浸泡，而有些则严禁用蒸馏水浸泡电极，须严格遵守操作手册，以免损伤电极。

(2) 测定时，复合电极（含球泡部分）应全部浸入溶液中。

(3) 为防止空气中二氧化碳溶入或水样中二氧化碳逸去，测定前不宜提前打开水样瓶塞。

(4) 电极受污染时，可用低于 1mol/L 稀盐酸溶解无机盐垢，用稀洗涤剂（弱碱性）除去有机油脂类物质，稀乙醇、丙酮、乙醚除去树脂高分子物质，用酸性酶溶液（如干酵母片）除去蛋白质血球沉淀物，用稀漂白液、过氧化氢除去颜料类物质等。

(5) 注意电极的出厂日期及使用期限，存放时间或使用时间过长的电极性能将变劣。

二、溶解氧的测量

(一) 实验目的

溶解氧是评价水质的重要指标之一。溶解在水中的分子态氧称为溶解氧。天然水的溶解氧含量取决于水体与大气中氧的平衡。溶解氧的饱和含量和空气中氧的分压、大气压力、水温有密切关系。清洁地表水溶解氧一般接近饱和。由于藻类的生长，溶解氧可能过饱和。水体受有机、无机还原性物质污染时溶解氧降低。当大气中的氧来不及补充时，水中溶解氧逐渐降低，以至趋近于零，此时厌氧菌繁殖，水质恶化，导致鱼虾死亡。

废水中溶解氧的含量取决于废水排出前的处理工艺过程，一般含量较低，差异很大。测定水体的溶解氧有助于判定水体质量。

(二) 实验设备

水体中溶解氧的测定一般均在现场直接进行，使用的设备通常为便携式溶解氧仪。

(三) 实验原理

测定溶解氧的电极由一个附有感应器的薄膜和一个温度测量及补偿的内置热敏电阻组成。电极的可渗透薄膜为选择性薄膜，把待测水样和感应器隔开，水和可溶性物质不能透过，只允许氧气通过。当给感应器供应电压时，氧气穿过薄膜发生还原反应，产生微弱的扩散电流，通过测量电流值可测定溶解氧浓度。

(四) 实验步骤

1. 电极准备

所有新购买的溶解氧探头都是干燥的，使用之前必须加入电极填充液，再与仪器连接。

2. 电极极化校准过程

电极在处于大约 800mV 固定电压的强度下极化。电极极化对测量结果的重现性是很重要的，随着电极被适当地极化，通过感应器膜的氧气将溶解于电极中的电解液，并被不断的消耗。如果极化过程中断，电解质中的氧就会不断地增加，直到与外部溶液中的溶解氧达到平衡，如果使用未极化的电极，测量值将是外部溶液和电解质的溶质中溶解氧之和，这个结果是错误的。在电极极化时，要盖上白色塑料保护盖（在校准和测量时去掉）。

3. 样品测量

仪器校准完毕后，将电极浸入被测水样中，同时确保温度感应部分也浸入到水样中。在每次测量过程中，电极和被检测水样之间必须达到热平衡，这个过程需要一定的时间（如果温差只有几度，一般需几分钟）。

（五）注意事项

（1）mg/L状态下可以直接以mg/L（ppm）为单位读取溶解氧的浓度。

（2）氧的饱和百分比读数（%）表示的是氧气的饱和比率，以1个大气压下氧的饱和百分比为100%参照。

（3）温度读数：显示屏的右下部显示的是所测得水样的温度，在进行测量之前，电极必须达到热平衡。热平衡一般需要几分钟，环境与样品的温差越大，需要的时间越长。

三、生化需氧量的测量

水体中所含的有机物成分复杂，难以一一测定其成分，人们常常利用水中有机物在一定条件下所消耗的氧来间接表示水体中有机物的含量，生化需氧量（BOD）即属于反映有机物污染的重要类别指标之一，它是指在规定的条件下，微生物分解水中某些可氧化物质（主要是有机物）的生物化学过程中消耗溶解氧的量，用以间接表示水中可被微生物降解的有机类物质的含量。

测定BOD的方法有稀释接种法、微生物传感器法、活性污泥曝气降解法、库仑滴定法、测压法等，本实验采用最为经典的稀释接种法测定污水的BOD，该方法也称五日培养法（BOD_5法）。

（一）实验目的

掌握用稀释接种法测定BOD_5的基本原理和操作技能。

（二）实验设备

释接种法测定BOD_5的主要实验设备有：

（1）恒温培养箱。

（2）5～20L细口玻璃瓶。

（3）1000～2000mL量筒。

（4）玻璃搅拌棒：棒长应比所用量筒高度长200mm，棒的底端固定一个直径比量筒直径略小，并有几个小孔的硬橡胶板。

（5）200～300mL溶解氧瓶：带有磨口玻璃塞，并具有供水封用的钟形口。

（6）供分取水样和添加稀释水用的虹吸管。

（三）实验原理

五日培养法也称标准稀释法或稀释接种法，即取一定量水样或稀释水样，在20℃±1℃培养五天，分别测定水样培养前、后的溶解氧，二者之差为BOD_5值，以氧的mg/L表示。

对于不含或少含微生物的工业废水，其中包括酸性废水、碱性废水、高温废水或经过氯化处理的废水，在测定BOD时应进行接种，以引入能分解废水中有机物的微生物。当废水中存在着难于被一般生活污水中的微生物以正常速度降解的有机物或含有剧毒物质时，应将驯化后的微生物引入水样中进行接种。

（四）实验步骤

1. 水样的预处理

在测定前，需要根据水样的实际情况进行调整。比如，水样的酸度或碱度很高时，需要进行调节使得 pH 值接近 7；当水样中含有有毒物质时，需要进行稀释等处理。此外，当水样采集点的温度过低或过高时，也需要做相应处理，使得与空气中氧分压接近平衡。

2. 水样的测定

（1）不经稀释水样的测定：溶解氧含量较高、有机物含量较少的地面水，可不经稀释，而直接以虹吸法将约 20℃的混匀水样转移至两个溶解氧瓶内，转移过程中应注意不使其产生气泡。以同样的操作使两个溶解氧瓶充满水样后溢出少许，加塞水封（瓶内不应有气泡）。立即测定其中一瓶溶解氧。将另一瓶放入培养箱中，在 20℃±1℃培养 5 天后。测其溶解氧。

（2）需经稀释水样的测定：首先确定稀释倍数。根据实践经验，地表水由测得的高锰酸盐指数乘以适当的系数求得；工业废水可由重铬酸钾法测得的 COD 值确定。稀释倍数确定后，按一般稀释法或者直接稀释法测定水样。然后按不经稀释水样的测定步骤，进行装瓶，测定当天溶解氧和培养 5 天后的溶解氧含量。另取两个溶解氧瓶，用虹吸法装满稀释水（或接种稀释水）作为空白，分别测定 5 天前、后的溶解氧含量。

在 BOD_5 测定中，一般采用叠氮化钠修正法测定溶解氧。如遇干扰物质，应根据具体情况采用其他测定法。

3. BOD_5 计算

（1）不经稀释直接培养的水样。

$$BOD_5(mg/L)=c_1-c_2$$

式中：c_1 为水样在培养前的溶解氧浓度，mg/L；c_2 为水样经 5 天培养后，剩余溶解氧浓度，mg/L。

（2）经稀释后培养的水样。

$$BOD_5(mg/L)=\frac{(c_1-c_2)-(B_1-B_2)f_1}{f_2}$$

式中：B_1 为稀释水（或接种稀释水）在培养前的溶解氧浓度，mg/L；B_2 为稀释水（或接种稀释水）在培养后的溶解氧浓度，mg/L；f_1 为稀释水（或接种稀释水）在培养液中所占比例；f_2 为水样在培养液中所占比例。

（五）注意事项

（1）水中有机物的生物氧化过程分为碳化阶段和硝化阶段，测定一般水样的 BOD_5 时，硝化阶段不明显或根本不发生，但对于生物处理池的出水，因其中含有大量硝化细菌，因此，在测定 BOD_5 时也包括了部分含氮化合物的需氧量。对于这种水样，如只需测定有机物的需氧量，应加入硝化抑制剂，如丙烯基硫脲（ATU、$C_4H_8N_2S$）等。

（2）在两个或三个稀释比的样品中，凡消耗溶解氧大于 2mg/L 和剩余溶解氧大于

1mg/L 都有效，计算结果时，应取平均值。

（3）为检查稀释水和接种液的质量，以及化验人员的操作技术，可将 20mL 葡萄糖-谷氨酸标准溶液用接种稀释水稀释至 1000mL，按测定 BOD_5 的步骤操作，测其 BOD_5，其结果应在 180～230mg/L 之间。否则，应检查接种液、稀释水或操作技术是否存在问题。

四、化学需氧量的测定

化学需氧量（COD）反映了水中受还原性物质污染的程度，水中还原性物质包括有机物、亚硝酸盐、亚铁盐、硫化物等。水体有机污染较为普遍，因此 COD 也是有机物含量的指标之一，但是只能反映能被氧化的有机物污染，不能反映多环芳烃、PCB、二噁英类等的污染状况。

（一）实验目的

掌握测定化学需氧量的原理和技术，熟悉重铬酸钾法（COD_{Cr}）的原理和操作方法。

（二）实验设备

重铬酸钾法（COD_{Cr}）测定化学需氧量所需使用的设备主要有：250mL 全玻璃回流装置（如取水样在 30mL 以上，用 500mL 全玻璃回流装置）、加热装置（电炉）、25mL 或 50mL 酸式滴定管、锥形瓶、移液管、容量瓶等。

（三）实验原理

重铬酸钾法（COD_{Cr}）测定的基本原理为：在强酸性溶液中，准确加入过量的重铬酸钾标准溶液，加热回流，将水样中还原性物质（主要是有机物）氧化，过量的重铬酸钾以试亚铁灵作指示剂，用硫酸亚铁铵标准溶液回滴，根据所消耗的重铬酸钾标准溶液量计算水样化学需氧量。

（四）实验步骤

（1）取 20.00mL 混合均匀的水样（或适量水样稀释至 20.00mL）置于 250mL 磨口的回流锥形瓶中，准确加入 10.00mL 重铬酸钾标准溶液及数粒小玻璃珠或沸石，连接磨口回流冷凝管，从冷凝管上口慢慢地加入 30mL 硫酸-硫酸银溶液，轻轻摇动锥形瓶使溶液混匀，加热回流 2h（自开始沸腾时计时）。需要注意的是，对于化学需氧量高的废水样，要事先确定废水样分析时应取用的体积和稀释次数。

（2）冷却后，用 90mL 水冲洗冷凝管壁，取下锥形瓶。溶液总体积不得少于 140mL，否则因酸度太大，滴定终点不明显。

（3）溶液再度冷却后，加 3 滴试亚铁灵指示液，用硫酸亚铁铵标准溶液滴定，溶液的颜色由黄色经蓝绿色至红褐色即为终点，记录硫酸亚铁铵标准溶液的用量。

（4）测定水样的同时，取 20.00mL 重蒸馏水，按同样操作步骤作空白试验。记录滴定空白时硫酸亚铁铵标准溶液的用量。

（5）计算。

$$COD_{cr}(O_2, mg/L) = \frac{(V_0 - V_1)C \times 8 \times 1000}{V}$$

式中：C 为硫酸亚铁铵标准溶液的浓度，mol/L；V_0 为滴定空白时硫酸亚铁铵标准溶液用量，mL；V_1 为滴定水样时硫酸亚铁铵标准溶液用量，mL；V 为水样的体积，mL；8为氧（1/2O）摩尔质量，g/mol。

（五）注意事项

（1）使用0.4g硫酸汞络合氯离子的最高量可达40mg，如取用20.00mL水样，即最高可络合2000mg/L氯离子浓度的水样。若氯离子的浓度较低，也可少加硫酸汞，使保持硫酸汞∶氯离子＝10∶1（W/W）。若出现少量氯化汞沉淀，并不影响测定。

（2）水样取用体积可在10.00～50.00mL范围内，但试剂用量及浓度需按表5－1进行相应调整，也可得到满意的结果。

表5－1　水样取用量和试剂用量表

水样体积/mL	0.2500mol/L K_2CrO_7，溶液/mL	$H_2SO_4-Ag_2SO_4$ 溶液/mL	H_gSO_4/g	$(NH_4)_2\cdot Fe(SO_4)_2$/(mol·L^{-1})	滴定前总体积/mL
10.0	5.0	15	0.2	0.050	70
20.0	10.0	30	0.4	0.100	140
30.0	15.0	45	0.6	0.150	210
40.0	20.0	60	0.8	0.200	280
50.0	25.0	75	1.0	0.250	350

（3）对于化学需氧量小于50mg/L的水样，应改用0.0250mol/L重铬酸钾标准溶液。回滴时用0.01mol/L硫酸亚铁铵标准溶液。

（4）水样加热回流后，溶液中重铬酸钾剩余量应为加入量的1/5～4/5为宜。

（5）用邻苯二甲酸氢钾标准溶液检查试剂的质量和操作技术时，由于每克邻苯二甲酸氢钾的理论 COD_{Cr} 值为1.176g，所以溶解0.4251g邻苯二甲酸氢钾（$HOOCC_6H_4COOK$）于重蒸馏水中，转入1000mL容量瓶，用重蒸馏水稀释至标线，使之成为500mg/L的 COD_{Cr} 标准溶液。用时新配。

（6）COD_{Cr} 的测定结果应保留三位有效数字。

（7）每次实验时，应对硫酸亚铁铵滴定溶液进行标定，室温较高时尤其应注意其浓度的变化。

（六）思考题

（1）溶解氧的含义是什么，如何理解溶解氧是评价水质的重要指标？

（2）什么是生化需氧量？

（3）什么是化学需氧量？

第二节　地下水主要阴离子分析实验

一、实验目的

（1）氯化物测定。

（2）硫酸盐的测定。

(3) 碱度测定。

二、实验仪器

(1) 分光光度计。

(2) 加热及过滤装置。

(3) 150mL、250mL 锥形瓶，50mL 比色管，50mL 移液管，25mL 酸式滴定管。

三、实验原理

以硝酸银标准溶液滴定水样氯化物时，由于银离子与氯离子作用生成白色的氯化银沉淀，以铬酸钾作指示剂，当水样中的氯离子全部与银离子作用后，微过量的硝酸银即与铬酸钾作用生成砖红色的铬酸银沉淀，此即表示已达反应终点。

在酸性溶液中，铬酸钡与硫酸盐作用转化成硫酸钡沉淀及重铬酸根离子。当溶液中和后，剩余的钡离子仍以铬酸钡沉淀状态存在，过滤除去沉淀在氨性介质条件下，由硫酸盐置换出来的铬酸根离子呈现黄色，可用比色法测定。

碱度的测定是在水样中加入适当的指示剂，用酸标准溶液滴定至规定的 pH 值，可分别测出水样中各种碱度。

四、实验试剂

(1) 0.1000mol/L NaCl 标准溶液。

(2) 5%K_2CrO_4 溶液。

(3) 氨水。

(4) 盐酸溶液。

(5) 0.1%甲基橙指示剂。

(6) 0.1000mol/L 盐酸标准溶液。

五、实验步骤

1. 氯化物测定

(1) 空白试验：用移液管取 50mL 蒸馏水于锥形瓶中（移液管使用如图 5-1 所示），加入 K_2CrO_4 溶液，然后再用力摇动下，用 $AgNO_3$ 标准溶液滴定（滴定操作如图 5-2 所示），直到出现淡橘红色为止。记下 $AgNO_3$ 溶液用量 V_1。

(2) 水样测定：用移液管取 50.00mL 水样于锥形瓶中（水样先用 pH 试纸检查，需为中性或弱碱性），加入 1mL K_2CrO_4 溶液，然后在用力摇动下，用 $AgNO_3$ 标准溶液滴定。直到出现淡橘红色，并与空白试验相比较，二者有相似的颜色，即为终点。记下 $AgNO_3$ 溶液用量 V_2。

2. 硫酸盐的测定

(1) 水样体积的确定：取 5mL 水样于 10mL 试管中，加 2 滴 1∶1 盐酸溶液，5 滴 10%氯化钡溶液，摇匀，观察沉淀生成情况，按表 5-2 确定取水样量。

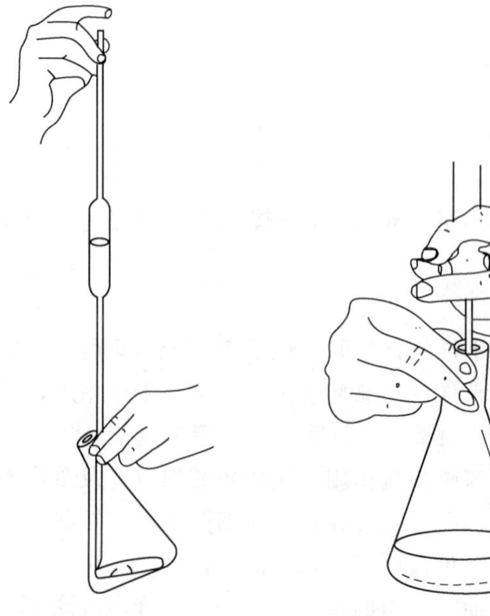

图 5-1 移液管使用　　　　图 5-2 滴定操作

表 5-2　　硫酸盐分析时取样量

浑 浊 情 况	硫酸盐含量/(mg/L)	取样体积/mL
数分钟后略混	<25	100
稍浑浊	25～50	50
浑浊	50～100	25
生成沉淀	100～200	25
生成大量沉淀	>200	取少量稀释

（2）根据第（1）步确定取样量，吸取适量水样，置于 150mL 锥形瓶中。

（3）另取 150mL 锥形瓶 8 个，分别加入 0、0.25mL、1.00mL、2.00mL、4.00mL、6.00mL、8.00mL 及 10.00mL 硫酸盐标准溶液加水至 50mL。

（4）向水样及其标准系列溶液中各加 1mL 盐酸（1∶1）溶液，加热煮沸 5min 左右。取下后再各加 2.5mL 铬酸钡悬浮，再加热煮沸 5min 左右。取下锥形瓶，稍冷却后，向各瓶逐滴加入氨水，至呈柠檬黄色。

（5）待溶液冷却后，倒入 50mL 离心管，并用蒸馏水多次冲洗锥形瓶，洗液也收集到离心管，离心管定容到 50mL。然后用离心机中速离心 2min，取清液于紫外分光光度计测定。同时做测定标样和做标准曲线。

（6）分光光度计，选 420nm 为吸收波长，10mm 比色皿，测量其吸光度，并用标准系列的吸光度减去试剂空白的吸光度后，绘制校准曲线。

3. 碱度测定

移取水样 100mL 于 200mL 锥形瓶中，加入酚酞指示剂三滴，如呈红色（若无色，则直接操作下一步）用 0.1000mol/L 盐酸溶液滴定至颜色刚好消失，记下盐酸溶液的消耗

体积 V_1；在此溶液中，再加入 2 滴甲基橙指示剂，继续用标准盐酸溶液滴定至橙色为止，记下盐酸的消耗量 V_2。

六、注意事项

滴定时避免滴定管中剩余标准溶液的液面低于底部刻度线。

注意记录实验中实际使用标准溶液的浓度。

整个实验过程规范操作，注意安全，尤其加热操作时要特别小心。

节约使用标准溶液。

七、实验成果

1. 氯化物测定结果

设水样体积为 $V_水$，$AgNO_3$ 溶液浓度为 C_{Ag}，则氯化物含量为

$$Cl^-(mg/L)=\frac{(V_2-V_1)C_{Ag}\times1000}{V_水}\times35.5 \tag{5-1}$$

2. 硫酸盐测定结果

$$C_{SO_4^{2-}}=\frac{m}{V}\times1000 \tag{5-2}$$

式中：$C_{SO_4^{2-}}$ 为水样中硫酸盐的浓度，mg/L；V 为水样体积，mL；m 为水样的吸光度减去空白试验吸光度后，由校准曲线查得硫酸根（SO_4^{2-}）毫克数，mg。

3. 碱度测定结果

判断水样中碱度的组成及含量：

$$CO_3^{2-}(mg/L)=(2V_1\times0.1/V)\times1000\times60 \tag{5-3}$$

$$HCO_3^-(mg/L)=(V_2-V_1)\times0.1/V\times1000\times61.02 \tag{5-4}$$

八、思考题

（1）采用分光光度法分析硫酸盐浓度时，如何由水样吸光度换算硫酸盐浓度？

（2）影响水中碱度组成和含量的指标是什么？该指标会如何影响碱度的组成和含量？

第三节　地下水钙硬度、镁硬度分析实验

一、实验目的

（1）钙离子测定。

（2）镁离子测定。

二、实验仪器

（1）250mL 锥形瓶，50mL 移液管，10mL 量筒，250mL 烧杯。

（2）25mL 酸式滴定管。

三、实验原理

用 EDTA 标准溶液滴定 Ca^{2+}、Mg^{2+} 总量，是在 pH 值≈10 的氨性缓冲溶液中进行，用铬黑 T 作指示剂。化学计量点前，Ca^{2+}、Mg^{2+} 和铬黑 T 形成紫红色铬合物。当用 EDTA 滴定至计量点时，游离出指示剂，溶液呈现纯蓝色。

滴定 Ca^{2+} 量，用 2mol/L NaOH 调溶液 pH 值>12，使 Mg^{2+} 生成 $Mg(OH)_2$ 沉淀。钙指示剂与 Ca^{2+} 形成红色络合物，滴定终点为蓝色。根据两次滴定值，可分别计算总硬度和钙硬度。镁硬度可由总硬度减去钙硬度求得。

四、实验试剂

(1) 0.01mol/L EDTA 标准溶液。

(2) $CaCO_3$ 标准溶液。

(3) 氨性缓冲溶液（pH≈10）。

(4) Mg－EDTA 溶液。

(5) 2mol/L KOH 溶液。

(6) 铬黑 T 指示剂或钙指示剂。

(7) 10%盐酸羟胺。

(8) 1∶1 三乙醇胺溶液。

(9) 2%Na_2S 溶液。

五、实验步骤

1. 总硬度的测定

(1) 用移液管取水样 50mL(V)，放入锥形瓶中。

(2) 加氨性缓冲溶液 10mL。

(3) 加指示剂 8 滴，使水样呈明显的紫红色。用 EDTA 标准溶液滴定，滴至溶液由紫红色转变为蓝色时，即为终点。记录 EDTA 用量 V_1。

2. 钙硬度的测定

(1) 用移液管取 50mL 水样，放入锥形瓶中。

(2) 加 10% KOH 溶液 10mL 3。加指示剂 5 滴，水样呈明显的红色。用 EDTA 标准溶液滴定，滴至溶液由红色变为蓝色，即为终点。记录 EDTA 用量 V_2。

六、注意事项

(1) 滴定时避免滴定管中剩余标准溶液的液面低于底部刻度线。

(2) 注意记录实验中实际使用标准溶液的浓度。

(3) 整个实验过程规范操作，注意安全。

(4) 节约使用标准溶液。

七、实验成果

根据 V_1 和 V_2 计算水样总硬度、钙硬度及镁硬度。以（mg/L）表示分析结果。则氯

化物含量为

$$总硬度(CaCO_3\ mg/L)=0.01\times V_1\times 100\times 1000/V \quad (5-5)$$

$$钙硬度(CaCO_3\ mg/L)=0.01\times V_2\times 100\times 1000/V \quad (5-6)$$

$$镁硬度(CaCO_3\ mg/L)=0.01\times (V_1-V_2)\times 100\times 1000/V \quad (5-7)$$

式中：V_1、V_2 为 EDTA 用量，mL；V 为水样体积，mL。

八、思考题

(1) 水样简分析时，在分析完主要阴离子浓度和钙、镁离子浓度后，如何计算钠/钾离子浓度？

(2) 什么是暂时硬度和永久硬度，如何计算暂时硬度和永久硬度？

第二部分

课　程　设　计

第六章

水文水利计算课程设计

第一节　暴雨频率设计

一、课程设计目的

1. 学习目的

通过本课程的学习，学生将了解和掌握暴雨频率计算的基本原理和具体技术方法。

2. 暴雨频率计算目的

(1) 确定相应于给定频率 P 的设计暴雨值 x_p。

(2) 在流域的流量资料不足或代表性、一致性较差时，利用暴雨资料推求设计洪水。

(3) 用直接法推求设计洪水后，采用间接法推求设计暴雨进行检验。

二、课程设计（知识）基础

水文学原理、水文水利计算等水文学相关知识。

三、课程设计方法步骤

(一) 暴雨的基本特性

1. 雨量等级的划分

降雨量等级划分标准见表 6-1。

表 6-1　降雨量等级划分标准

24h 雨量 /mm	<0.1	0.1～9.9	10.0～24.9	25.0～49.9	50.0～99.9	100.0～249.9	≥250.0
等级	零星小雨	小雨	中雨	大雨	暴雨	大暴雨	特大暴雨

注　引自《降水等级标准》(GB/T 28592—2012)。

2. 暴雨的形成条件

特别充分的水汽供应、特别强烈的上升运动（动力）、较长的持续时间。

3. 暴雨的时空分布特性

(1) 时间分布特性。降雨强度-历时曲线（柱状图），其纵坐标为逐时雨量，横坐标为时间。也可绘制流域面积一定或一定地区上的面平均雨量随时间的变化过程线。

(2) 空间分布特性。

1）等雨量线图来反映暴雨的地区分布不均匀性。

2）降雨深和面积关系曲线或降雨深与面积和历时关系曲线（DAD 曲线）。其线的陡缓，表明降雨空间分布的均匀程度，可以移用至无资料地区。

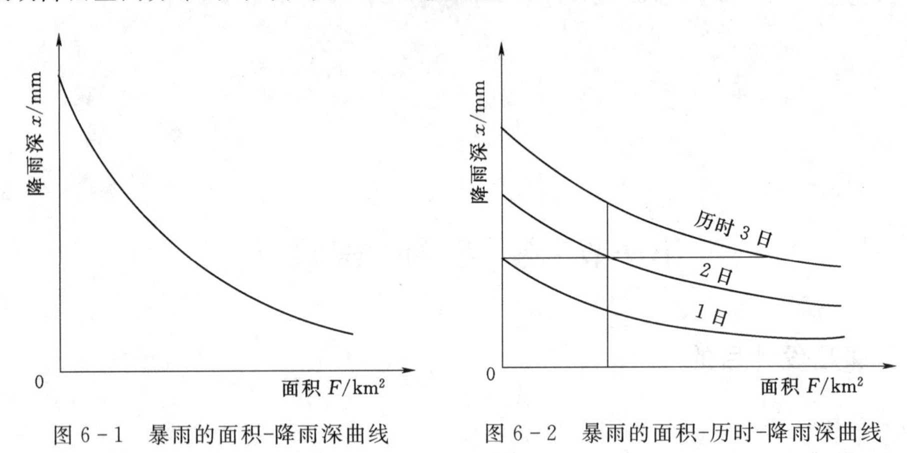

图 6-1　暴雨的面积-降雨深曲线　　图 6-2　暴雨的面积-历时-降雨深曲线

(二) 暴雨资料的搜集、审查、插补延长

暴雨资料的主要来源是国家水文、气象部门所刊印的雨量站网观测资料，也要注意搜集有关部门专用雨量站和当地群众雨量站的观测资料。同时应结合调查搜集暴雨中心范围和历史上特大暴雨资料。

审查暴雨资料时要注意分析其代表性、可靠性、一致性。

有时各站暴雨资料观测时间长短不一、甚至缺测。为了便于进行后续频率计算，应对其进行延长或插补，一般可采用下列几种方法：

(1) 如相邻测站距离较近，又在气候一致区内，可以直接借用邻站的资料。

(2) 当邻站地区测站较多，大水年份可以绘制暴雨等值线图进行插补；一般年份可用邻近各站的平均值插补。

(3) 如与洪水峰量相关关系较好，可以建立暴雨和洪水峰或量的相关关系进行插补。

(4) 如两相邻雨量站，短系列站 A 的暴雨均值为$\overline{P}_A$，而邻近长系列站 B 的暴雨均值为$\overline{P}_B$，其与 A 站同期的暴雨均值为$\overline{P}_{BA}$，则 A 站资料延长至与 B 站同期的暴雨均值为$\overline{P}_{A-B}=(\overline{P}_B/\overline{P}_{BA})\overline{P}_A$。

(三) 设计点暴雨频率计算

1. 计算点暴雨原因

(1) 研究区为小流域，以点代面。

(2) 在中等流域，仅有中心点雨量 $x_{0,p}$，需要通过暴雨点面关系转换相应面暴雨量 $x_{f,p}$。

2. 计算方法

(1) 统计样本选择。

1) 选样方法。

年最大值法：适用于所有水利工程。资料条件较好。

年多次法：一年多次。资料系列较短。

超定量法：规定一个阈值，从历史资料中挑出大于该阈值的所有样本。适用于城市排水工程及短系列资料。

2) 选样时段。

大中流域：$T=1\text{d}$、3d、5d、7d、15d、30d。

小流域：$T<1\text{d}$，$T=1\text{h}$、3h、6h、…、24h。

(2) 频率计算——经验适线法。根据经验频率找点据，找出配合最佳之频率曲线，相应的分布参数为总体分布参数的估计值。

基本步骤：

1) 点绘经验频率点据。在概率格纸上绘制点据（x_m，p_m），其中 x_m 为观测值 x_1，x_2，…，x_n 由大到小排列的第 m 位数据。p_m 理论上为 $p(X\geqslant x_m)$，常用的期望值计算公式 $p_m=\dfrac{m}{n+1}$。

2) 绘制理论频率曲线。假定 X 分布符合某一总体概率模型（我国规定符合 P-Ⅲ型曲线），用某种估计方法（通常为矩法）估计分布密度中的未知参数，查 P-Ⅲ分布的 Φ 值表，得出 $p-\Phi_p$ 的对应关系，进而利用公式 $x_p=E(x)(1+C_v\Phi_p)$ 得出 $p-x_p$ 的对应关系，从而将此理论频率曲线与第一步中的经验频率点据绘制在同一张概率格纸上。

3) 检查拟合情况。如果点线拟合得好，所给参数即为适线法的估计结果，否则，则需调整参数，重绘理论频率曲线，直到理论频率曲线与点线拟合好为止，最终参数即为适线法的估计结果。

表 6-2　　暴雨的 C_s/C_v 取值

地　　区	$C_v>0.6$ 地区	$C_v<0.45$ 地区	一般地区
C_s/C_v	3.0	4.0	3.5

(3) 合理性分析。

1) 同站不同历时之间的协调：①频率曲线不交叉；②不同历时的频率曲线变化平缓，避免突变。

注意：①所有点据总体拟合最优；②C_v（变差系数）-D（历时）关系一般呈铃形分布，较小和较长 D 对应 C_v 小，中间历时 D 对应 C_v 大。

干旱区：$C_{v_{\max}}-D<1\text{h}$。

中部地区：$C_{v_{\max}}-D=6\text{h}$。

沿海地区：$C_{v_{\max}}-D\geqslant1\text{d}$。

2) 单站成果在区域上协调。与所在区域或邻近地区观测的特大暴雨资料及设计成果对比，量级上应协调一致。

（四）设计面暴雨频率计算

资料充分时，根据面平均雨量系列直接计算。

资料不足时，小流域计算可以点代面（$F=0.1\sim1\text{km}^2$），大中流域需要进行暴雨点面关系转化。

1. 设计面暴雨的直接计算

选样—插补延展—三性审查—频率分析—合理性检查。

2. 设计面暴雨的间接计算

（1）定点定面的点面关系转换。流域中心或附近有长系列资料的雨量站。

$$P_F=P_0\alpha_0$$

式中：α_0 为点面折减系数；P_F、P_0 分别为某种时段固定面及固定点暴雨量。

可按照设计时段选几次大暴雨的 α_0，加以平均，作为设计计算用的点面折减系数。有时面雨量资料不多，作 α_0 的频率分析有困难，可近似用大暴雨的 α_0 平均值。若邻近地区有较长系列的资料，则可用邻近地区固定点和固定流域的或地区综合的同频率点面折减系数。但应注意流域面积、地形条件、暴雨特性等要基本接近，否则不宜采用。

（2）动点动面的点面关系转换。

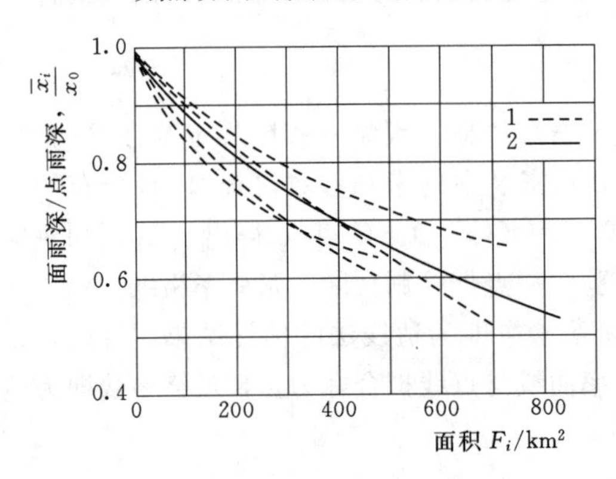

图 6-3　某地区 3 天暴雨点面关系图

1—各次实际暴雨；2—地区平均

假设：①设计暴雨中心与流域中心重合；②设计暴雨的点面关系符合平均的点面关系；③假定流域的边界与某条等雨量线重合。

以暴雨中心点面关系代替定点定面关系，即以流域中心设计点暴雨量，地区综合的暴雨中心点面关系去求设计面暴雨量。这种暴雨中心点面关系是按各次暴雨的中心与暴雨分布等值线图求得的。

（3）间接法存在的问题。

1）点面关系对大、中流域一般较弱，因此不宜采用。

2）定点定面关系未考虑到暴雨的地区分布特性。

3）运用时，仅考虑流域 F 大小，未考虑形状影响，无法修正。

4）用动点动面代替定点定面时，假设不易满足。

3. 设计面暴雨量计算成果的合理性检查

（1）对各种历时的点、面暴雨量统计参数，如均值、C_v 值等进行分析比较，面暴雨量的这些统计参数应随面积的增大而逐渐减小。

（2）将间接计算的面暴雨量与邻近流域有条件直接计算的面暴雨量进行比较。

（3）搜集邻近地区不同面积的面雨量和固定点雨量之间的关系，进行比较。

（4）将邻近地区已出现的特大暴雨的历时、面积、雨深资料与设计面暴雨量进行比较。

（五）设计暴雨时空分布计算

求得设计暴雨量以后，还应确定设计暴雨的时、空分布，即在时程上的分配和在地区上的分布。

1. 设计暴雨的时程分配

设计暴雨的时程分配一般用典型暴雨同频率控制缩放的方法。

典型暴雨过程，应由实测暴雨资料计算各年最大面暴雨量的过程来选择。若资料不足，可以用流域或邻近地区有较长期资料的点暴雨量过程来代替。

典型暴雨过程选择原则：暴雨量大、强度大、雨峰偏后。

再采用同频率设计暴雨量控制方法，对典型暴雨分时段进行缩放。

控制时段：长时段，1d、3d、7d、15d 等；短时段，1h、3h、6h、12h、24h。

2. 设计暴雨的地区分布

所谓拟定设计暴雨的地区分布，即做出一张设计流域内设计暴雨的等雨量线图。分为典型暴雨图法、同频率控制法。

四、注意事项

（1）特大暴雨的重现期可根据该次暴雨的雨情、水情和灾情以及邻近地区的长系列暴雨资料分析确定。

（2）当设计流域缺乏大暴雨资料，而邻近地区已出现大暴雨时，可移用邻近地区的暴雨资料加入设计流域暴雨系列进行频率分析，但对移用的可能性及重现期应进行分析，并注意地区差别，作必要的改正。

（3）设计暴雨的统计参数及设计值必须进行地区综合分析和合理性检查。

五、思考题

（1）若研究站点缺少连续的暴雨观测数据，该如何进行数据资料的插补、延长？

（2）如何绘制暴雨累积频率曲线？设计频率标准如何确定？

（3）重现期 T 与频率 P 有何关系？千年一遇的暴雨发生的频率 P 为多大？

第二节　设计暴雨过程线计算

一、课程设计目的

（1）掌握设计面暴雨量的计算方法——直接法与间接法，以及各方法的适用情况。

（2）掌握设计暴雨的时程分配计算，得到暴雨设计过程线。

二、课程设计（知识）基础

（1）暴雨资料的收集方法。

（2）暴雨资料的“三性审查”内容。

（3）流域平均（面）雨量的计算方法。

(4) 设计年径流的年内分配计算。

三、课程设计方法步骤

首先根据暴雨资料应用直接法或间接法推求设计面暴雨量，进而计算设计暴雨过程线。设计面暴雨量一般有两种计算方法：当设计流域雨量站较多、分布较均匀、各站又有长期的同期资料、能求出比较可靠的流域平均雨量（面雨量）时，就可直接选取每年指定统计时段的面暴雨量，进行频率计算求得设计面暴雨量，这种方法常称为设计面暴雨计算的直接法；另一种方法是当设计流域内雨量站稀少，或观测系列甚短，或同期观测资料很少甚至没有，无法直接求得设计面暴雨量时，只好先求流域中心附近代表站的设计点暴雨量，然后通过暴雨点面关系，求相应设计面暴雨量，本法被称为设计面暴雨量计算的间接法。

（一）直接法推求设计面暴雨量

1. 暴雨资料的统计选样

在收集流域内和附近雨量站的资料并进行分析审查的基础上，先根据当地雨量站的分布情况，选定推求流域平均（面）雨量的计算方法（如算数平均法、泰森多边形法或等雨量线图法等），计算每年各次大暴雨的逐日面雨量。然后选定不同的统计时段，按独立选样的原则，统计逐年不同时段的年最大面雨量。

对于大、中流域的暴雨统计时段，我国一般取 1 日、3 日、7 日、15 日、30 日，其中 1 日、3 日、7 日暴雨是一次暴雨的核心部分，是直接形成所求的设计洪水部分；而统计更长时段的雨量则是为了分析暴雨核心部分起始时刻流域的蓄水状况。

2. 面雨量资料的插补展延

一般来说，以多站雨量资料求得的流域平均雨量，其精度较以少站雨量资料求得的更高。为提高面雨量资料的精度，需设法插补展延较短系列的多站面雨量资料。一般可利用近期多站平均雨量与同期少站平均雨量建立关系。若相关关系好，可利用相关线展延多站平均雨量作为流域面雨量。为了解决同期观测资料较短、相关点据较少的问题，在建立相关关系时，可利用一年多次法选样，以增添一些相关点据，更好地确定相关线。

3. 特大值的处理

暴雨资料系列的代表性与系列中是否包含有特大暴雨有直接关系。一般的暴雨变幅不是很大，若系列中不包含特大暴雨，统计参数 $\overline{x}$、C_v 往往会偏小。若在短期资料系列中，一旦加入一次罕见的特大暴雨，就可以使原频率计算成果完全改观。特大值对统计参数 $\overline{x}$、C_v 值影响很大，如果能够利用其他资料信息，准确估计出特大值的重现期，无疑会提高系列代表性。

判断大暴雨资料是否属于特大值，一般可从经验频率点据偏离频率曲线的程度、模比系数 K_p 的大小、暴雨量级在地区上是否很突出，以及论证暴雨的重现期等方面进行分析判断。若本流域没有特大暴雨资料，则可进行暴雨调查，或移用邻近流域已发生过的特大暴雨资料。

特大值处理的关键是确定重现期。一般认为，当流域面积较小时，流域平均雨量的重现期与相应洪水的重现期相近。

4. 面雨量频率计算

面雨量统计参数的估计，我国一般采用适线法。我国水利水电工程设计洪水规范规定，其经验频率公式采用期望值公式，线型采用 P－Ⅲ型。根据我国暴雨特性及实践经验，我国暴雨的 C_s 与 C_v 的比值，一般地区为 3.5 左右；在 $C_v>0.6$ 的地区，约为 3.0；$C_v<0.45$ 的地区，约为 4.0。以上比值可供适线时参考。

5. 设计面暴雨量计算成果的合理性检查

对计算结果从不同历时对比、统计参数的地区协调性、及不同方法对比等方面进行检查，分析比较其是否合理，而后确定设计面雨量。

（二）间接法推求设计面暴雨量

1. 设计点暴雨量的计算

推求设计点暴雨量，此点最好在流域的形心处，如果流域形心处或附近有一观测资料系列较长的雨量站，则可利用该站的资料进行频率计算，推求设计点暴雨量。如不在流域中心或其附近，可先求出流域内各测站的设计点暴雨量，然后绘制设计暴雨量等值线图，用地理插值法推求流域中心点的设计暴雨量。

2. 设计面暴雨量的计算

流域中心设计点暴雨量求得后，要用点面关系折算成设计面暴雨量。

（1）定点定面关系。如流域中心或附近有长系列资料的雨量站，流域内有一定数量且分布比较均匀的其他雨量站资料时，可以用长系列站作为固定点，以设计流域作为固定面，根据同期观测资料，建立各种时段暴雨的点面关系。也就是，对于一次暴雨某种时段的固定点暴雨量，有一个相应的固定面暴雨量，则在定点定面条件下的点面折减系数 α_0 为

$$\alpha_0=x_F/x_0$$

式中：x_F、x_0 分别为某种时段固定面及固定点的暴雨量。

有了若干次某时段暴雨量，则可有若干个 α_0 值。对于不同时段暴雨量，则又有不同的 α_0 值。于是，可按设计时段选几次大暴雨值，加以平均，作为设计计算用的点面折减系数。将前面所求得的各时段设计点暴雨量，乘以相应的点面折减系数，就可得出各种时段设计面暴雨量。

（2）动点动面关系。在缺乏暴雨资料的流域上求设计面暴雨量时，可以暴雨中心点面关系代替定点定面关系，即以流域中心设计点暴雨量及地区综合的暴雨中心点面关系去求设计面暴雨量。这种暴雨中心点面关系是按照各次暴雨中心与暴雨分布等值线图求得的，各次暴雨中心的位置和暴雨分布不尽相同，所以说是动点动面关系。

该方法包含了 3 个假定：①设计暴雨中心与流域中心重合；②设计暴雨的点面关系符合平均的点面关系；③假定流域的边界与某条等雨量线重合。这些假定，在理论上是缺乏足够根据的，使用时，应分析几个与设计流域面积相近的流域或地区的定点定面关系作验证，如差异较大，应作一定修正。

（三）设计暴雨过程线计算

1. 典型暴雨的选择和概化

典型暴雨过程应在暴雨特性一致的气候区内选择有代表性的面雨量过程，若资料不足

也可由点暴雨量过程来代替。所谓有代表性是指典型暴雨特征能够反映设计地区情况，符合设计要求，如该类型出现次数较多，分配形式接近多年平均和常遇情况，雨量大，强度也大，且对工程安全较不利的暴雨过程。所谓较不利的过程通常指暴雨核心部分出现在后期，形成洪水的洪峰出现较迟，对安全影响较大的暴雨过程。在缺乏资料时，可以引用各省（区）水文手册中按地区综合概化的典型雨型（一般以百分数表示）。

2. 缩放典型过程，计算设计暴雨过程线

选定了典型暴雨过程后，就可用同频率设计暴雨量控制方法，对典型暴雨分段进行缩放，与设计年径流的年内分配计算方法相同。

四、注意事项

（1）对特大暴雨的重现期必须做深入细致的分析论证，若没有充分的依据，就不宜作特大值处理。若误将一般大暴雨作为特大值处理，会使频率计算结果偏低，影响工程安全。

（2）在频率计算时，最好将不同历时的暴雨量频率曲线点绘在同一张几率格纸上，并注明相应的统计参数，加以比较。各种频率的面雨量都必须随统计时段增大而加大，如发现不同历时频率曲线有交叉等不合理现象时，应作适当修正。

（3）利用定点定面关系计算设计面暴雨量时，在设计计算情况下，理应用设计频率的 α_0 值，但由于暴雨量资料不多，作 α_0 的频率分析有困难，因而近似地用大暴雨的 α_0 平均值，这样算出的设计面暴雨量与实际要求是有一定出入的。如果邻近地区有较长系列的资料则可用邻近地区固定点和固定流域的或地区综合的同频率点面折减系数。但应注意，流域面积、地形条件、暴雨特性等要基本接近，否则不宜采用。

（4）在间接法推求面暴雨量时，应优先使用定点定面关系，同时由于大中流域点面雨量关系一般都很微弱，所以通过点面关系间接推求设计面暴雨的偶然误差较大。在有条件的地区应尽可能采用直接法。

同频率法计算设计暴雨过程线时，控制放大的时段划分不宜过细，一般以 1 日、3 日、7 日控制。对暴雨核心部分 24h 暴雨的时程分配，时段划分视流域大小及汇流计算所用的时段而定，一般取 1h、2h、3h、6h、12h、24h 控制。

五、思考题

（1）请简述在计算设计暴雨量的过程中，分别采用直接法与间接法的具体操作步骤。

（2）若设计流域暴雨资料系列中没有特大暴雨，则推求的暴雨均值、离势系数 C_v 取值会如何变化？为什么？

（3）流域平均雨量的重现期与相应洪水的重现期有着怎样的关系？

第三节 产汇流计算

一、课程设计目的

（1）了解流域产流量的影响因素，掌握蓄满产流和超渗产流的计算方法。

(2) 了解流域汇流的物理过程和计算方法。

二、课程设计（知识）基础

(1) 掌握降雨径流要素的计算方法：流域产汇流计算一般需要先对实测暴雨、径流和蒸发等资料做一定的整理分析，以便在定量上研究它们之间的因果关系和规律。

(2) 掌握蓄满产流和超渗产流的基本概念，及其产流面积变化过程的分析方法。

三、课程设计方法步骤

（一）流域产汇流计算基本内容与流程

由流域降雨推求流域出口的流量过程，大体上分为两个步骤：

(1) 产流计算：降雨扣除植物截留、蒸发、下渗、填洼等各种损失之后，剩下的部分称为净雨，在数量上等于它所形成的径流深。在我国常称净雨量为产流量，降雨转化为净雨的过程为产流过程，关于净雨的计算称为产流计算。

(2) 汇流计算：净雨沿着地面和地下汇入河网，然后经河网汇集到流域出口断面，形成径流的过程为汇流过程，关于流域汇流过程的计算称为汇流计算。

产汇流计算流程如图 6-4 所示。

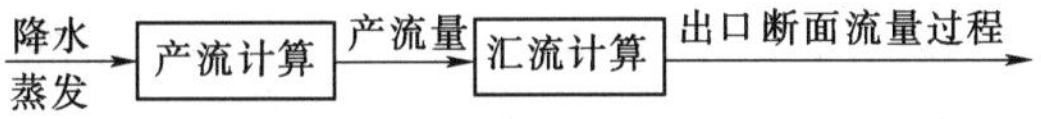

图 6-4　产汇流计算流程简图

流域产汇流计算的方法很多，本课程主要介绍目前使用比较普遍和比较成熟的计算原理及其计算方法。产流计算的方法因产流方式不同而异，分别阐述蓄满产流方式和超渗产流方式的产流计算方法；汇流计算方法重点阐述时段单位线法和瞬时单位线法。

（二）流域产流计算

1. 降雨径流相关法

(1) 相关图的建立。降雨径流相关是在成因分析与统计相关相结合的基础上，用每场降雨过程流域的面平均雨量和相应产生的径流量，以及影响径流形成的主要因素建立的一种定量的经验关系。

影响降雨径流关系的主要因素有：前期影响雨量 P_a 或流域起始蓄水量 W_0、降雨历时、降雨强度、暴雨中心位置、季节等。生产上最常用的是 $R=f(P,P_a)$ 的三变数相关图。

以 R 为横坐标，P 为纵坐标，将 (P_i,R_i) 点绘于坐标图上，标明各点的参变量 P_a 值，根据参变量的分布规律及降雨产流的基本原理，绘制 P_a 等值线簇。如图 6-5 所示。

$P-P_a-R$ 相关图具有以下特征：

1) P_a 曲线簇在 45°直线的左上侧，P_a 值越大，越靠近 45°线，即降雨损失量越小。

2) 每一 P_a 等值线都存在一个转折点，转折点以上的 P_a 线呈 45°直线，转折点以下为坡度大于 45°的曲线。

3) P_a 直线段之间的水平间距相等。

（2）相关图的应用。$P-P_a-R$ 相关图作好后，就可以根据降雨过程及降雨开始时的 P_a 在图上求出净雨过程。如图 6-6 所示。

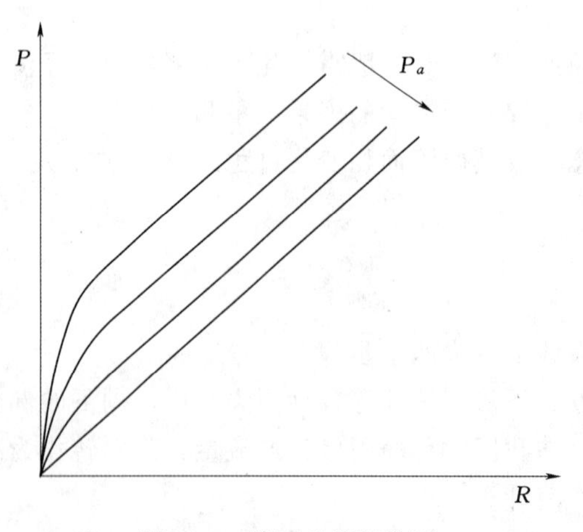

图 6-5　降雨径流相关图

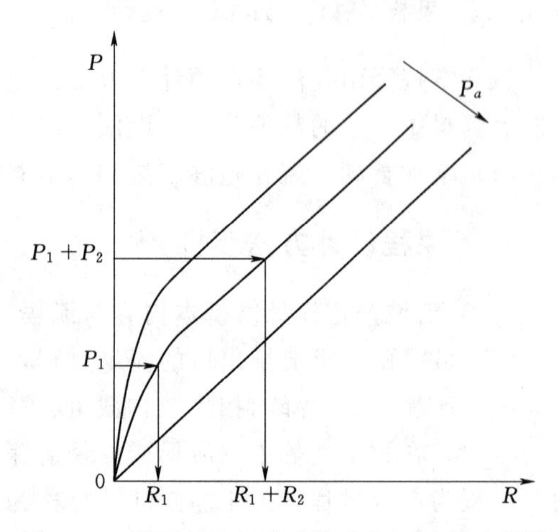

图 6-6　降雨径流相关法推求净雨过程示意图

有一场两个时段的降雨，第一时段雨量为 P_1，第二时段雨量为 P_2，降雨开始时 P_a 为 80mm，在图 6-6 $P_a=80$mm 的线上由 P_1 查得产流量为 R_1，再由 P_1+P_2 查得产流量为 R_1+R_2，则第二时段净雨 $R_2=R_1+R_2-R_1$。对于多时段降雨过程，依此类推就可求出净雨过程，即产流量过程。若降雨开始时 P_a 不在等值线上，可用内插方法查算。

2. 蓄满产流的产流量计算

蓄满产流以满足包气带缺水量为产流的控制条件，包气带缺水量可根据流域蓄水容量曲线和降雨起始土壤含水量确定。

图 6-7 中已明确当 $W_0=W$ 时 PE 所产生的径流量为图中浅绿色填充面积，本节的任务是进行产流量的定量计算。为此需先解决以下问题：①确定流域蓄水容量曲线的线型；②计算 W_0 对应的纵坐标 A；③蒸散发计算。

（1）流域蓄水容量曲线的线型。

$$\alpha=\varphi(W'_m)=1-\left(1-\frac{W'_m}{W'_{mm}}\right)^B$$

式中：W'_{mm} 为流域最大点蓄水容量；B 为蓄水容量曲线的指数，反映流域中蓄水容量的不均匀性。

根据流域蓄水容量曲线的定义，曲线所包围的面积为流域蓄水容量 WM，即

$$WM=\int_0^{W'_{mm}}(1-\alpha)\mathrm{d}W'_m=\int_0^{W'_m}\left(1-\frac{W'_m}{W'_{mm}}\right)^B\mathrm{d}W'_m=\frac{W'_{mm}}{1+B}$$

$$W'_{mm}=(1+B)WM$$

（2）计算 W_0 对应的纵标 A。由图 6-7 可知：

$$W_0=\int_0^A(1-\alpha)\mathrm{d}W'_m=\int_0^A\left(1-\frac{W'_m}{W'_{mm}}\right)^B\mathrm{d}W'_m$$

$$W_0=-W'_{mm}\int_0^A\left(1-\frac{W'_m}{W'_{mm}}\right)^B\mathrm{d}\left(1-\frac{W'_m}{W'_{mm}}\right)$$

$$= -\frac{W'_{mm}}{1+B}\left(1-\frac{W'_{m}}{W'_{mm}}\right)^{B+1}\Bigg|_{0}^{A} = WM - WM\left(1-\frac{A}{W'_{mm}}\right)^{B+1}$$

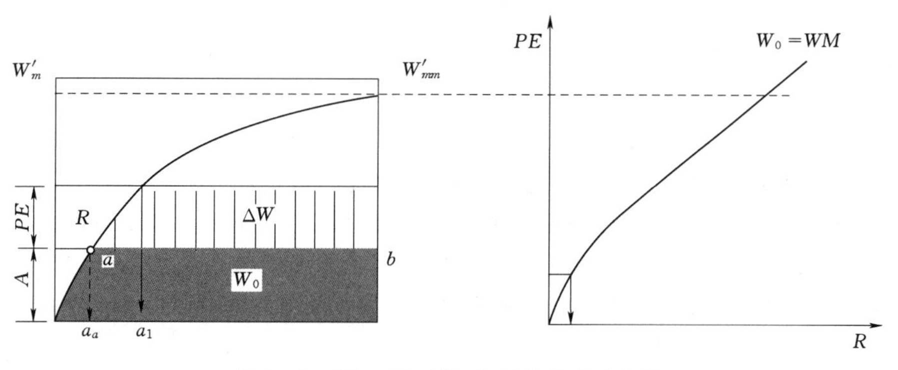

图 6-7 $W_0=W$ 时降雨-径流关系示意图

所以：

$$A = W'_{mm}\left[1-\left(1-\frac{W_0}{W_m}\right)^{\frac{1}{B+1}}\right]$$

降雨开始时，图中 a 点左边的 α_a 面积上已经蓄满，a 点右边未蓄满，$(1-\alpha_a)$ 面积上的初始蓄水量为 A。

(3) 蒸散发计算。由本章第二节知，在降雨期，降雨扣除蒸发后才能参与产流计算；在无雨期，蒸发消耗了土壤中的含水量，影响了降雨开始时的土壤含水量，从而也影响产流量，可见蒸散发计算对产流计算的重要性。

常用的蒸发模型有三种：

1) 一层模型。一层模型假定流域蒸散发量与流域蒸散发能力和流域蓄水量呈正比。计算公式如下：

$$E_{\Delta t} = EM_{\Delta t}\frac{W_t}{WM}$$

式中：$E_{\Delta t}$、$EM_{\Delta t}$ 分别为 Δt 时段内流域的蒸散发量与蒸散发能力，mm；WM、W_t 分别为流域蓄水容量和时段初流域蓄水量，mm。

一层模型虽然简单，但没有考虑土壤水分在垂直剖面中的分布情况。如久旱之后下小雨，W_t 很小，算出的 $E_{\Delta t}$ 很小，但由于雨实际上分布在表面上，很容易蒸发。所以一层蒸发模型计算的蒸发量比实际的偏小。

2) 二层模型。二层蒸发模型把流域蓄水容量 WM 分为上下二层，WUM 和 WLM，$WM=WUM+WLM$。实际蓄水量相应分为上下二层，WU_t 和 WL_t，$W_t=WU_t+WL_t$。实际蒸发量也相应分为上下二层，$EU_{\Delta t}$ 和 $EL_{\Delta t}$，$E_{\Delta t}=EU_{\Delta t}+EL_{\Delta t}$。并假定：下雨时，先补充上层缺水量，满足上层后再补充下层。蒸散发则先消耗上层的蓄水量，上层蒸发完了再消耗下层。计算公式如下：

当 $P_{\Delta t}+WU_t \geqslant EM_{\Delta t}$ 时：

$$EU_{\Delta t}=EM_{\Delta t},\ EL_{\Delta t}=0,\ E_{\Delta t}=EU_{\Delta t}+EL_{\Delta t}$$

当 $P_{\Delta t}+WU_t < EM_{\Delta t}$ 时：

$$EU_{\Delta t}=P_{\Delta t}+WU_t,\ EL_{\Delta t}=(EM_{\Delta t}-EU_{\Delta t})\frac{WL_t}{WLM},\ E_{\Delta t}=EU_{\Delta t}+EL_{\Delta t}$$

二层蒸发模型相对于一层模型有所改进。久旱以后，WL_t 已很小，算出的 $EL_{\Delta t}$ 很小，但此时植物根系仍可将深层水分供给蒸散发。所以二层蒸发模型计算的蒸发量比实际的偏小。

3）三层模型。三层蒸发模型把流域蓄水容量 WM 分为上下三层，WUM、WLM 和 WDM，$WM=WUM+WLM+WDM$。实际蓄水量相应分为上下三层，WU_t、WL_t 和 WD_t，$W_t=WU_t+WL_t+WD_t$。实际蒸发量也相应分为上下三层，$EU_{\Delta t}$、$EL_{\Delta t}$ 和 $ED_{\Delta t}$，$E_{\Delta t}=EU_{\Delta t}+EL_{\Delta t}+ED_{\Delta t}$。并假定：下雨时，先补充上层缺水量，满足上层后再补下层，满足下层后再补充深层。蒸发则先消耗上层蓄水量，上层水量不足再蒸发下层，下层水量不足再蒸发深层。计算公式如图 6-8 所示。

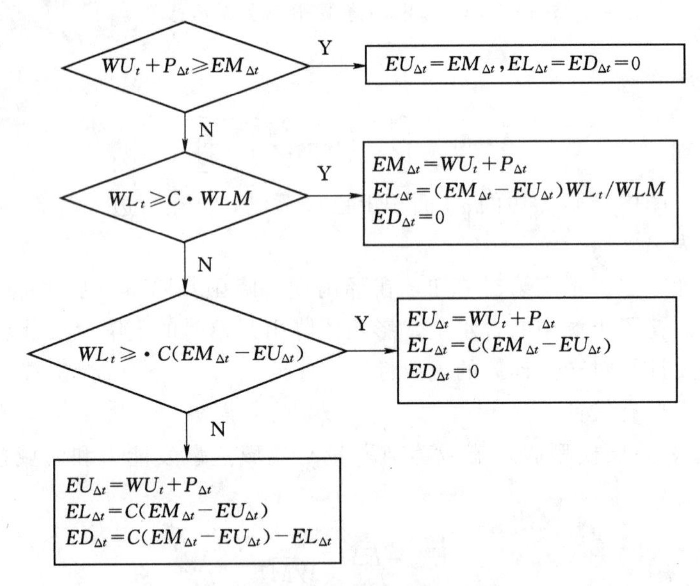

图 6-8 三层蒸发模型计算框图

（4）产流计算公式。图 6-7 中已明确当 $W_0=W$ 时 $PE_{\Delta t}$ 所产生的径流量为图中浅绿色填充面积（其中 $PE_{\Delta t}=P_{\Delta t}-E_{\Delta t}$）。

当 $PE_{\Delta t}+A<W'_{mm}$ 时，为局部产流：

$$R_{\Delta t}=\int_0^{PE_{\Delta t}+A}\left[1-\left(1-\frac{W'_m}{W'_{mm}}\right)^B\right]\mathrm{d}W'_m$$

$$=PE_{\Delta t}-(WM-W_0)+WM\left(1-\frac{PE_{\Delta t}+A}{W'_{mm}}\right)^{B+1}$$

当 $PE_{\Delta t}+A>W'_{mm}$ 时，为全流域产流：

$$R_{\Delta t}=PE_{\Delta t}-(WM-W_0)$$

（5）流域蓄水量计算。产流计算是逐时段进行的，每个时段的产流计算都需确定出时段初的流域蓄水量。设一场暴雨起始的流域蓄水量 W_0 已知，它就是第 1 时段初的流域蓄水量，第 1 时段末的流域蓄水量就是第 2 时段初的流域蓄水量，时段末流域蓄水量的计算公式如下：

$$W_{t+\Delta t}=W_t+P_{\Delta t}-E_{\Delta t}-R_{\Delta t}$$

（6）产流过程计算。蓄满产流连续计算的步骤如下：

1）根据本时段初的 W_t、本时段的 $P_{\Delta t}$ 和流域蒸发能力 $EM_{\Delta t}$，按三层蒸发模式计算本时段的 $E_{\Delta t}$。

2）根据本时段的 $P_{\Delta t}$ 和由第1）步计算的本时段 $E_{\Delta t}$，计算本时段的 $PE_{\Delta t}$。

3）根据本时段初的 W_t 和由第2）步计算的本时段 $PE_{\Delta t}$ 计算本时段的 $R_{\Delta t}$。

4）根据本时段初的 W_t、本时段的 $P_{\Delta t}$ 和由第1）、2）、3）步计算的 E_t、R_t，计算本时段末的 W_{t+1}。

5）本时段末的 W_{t+1} 即下一时段初的流域土壤含水量，于是进入下一时段的计算。

（7）地面地下径流的划分。以上求得的总径流量包括地面径流和地下径流。为对地面径流和地下径流分别进行汇流计算，需要进行水源划分。

首先明确一点，只有产流面积上才存在水源划分的问题。设产流面积为 FR，则产流面积上 $PE_{\Delta t}$ 都转化成径流，$R_{\Delta t}=(FR/F)PE_{\Delta t}$。若 $PE_{\Delta t}\geqslant f_c\Delta t$，按 f_c 下渗形成地下径流，来不及下渗部分成为地面径流；若 $PE_{\Delta t}<f_c\Delta t$，全部下渗形成地下径流。即：

当 $PE_{\Delta t}\geqslant f_c\Delta t$ 时：

$$RG_{\Delta t}=(FR/F)f_c\Delta t=(R_{\Delta t}/PE_{\Delta t})f_c\Delta t$$

当 $PE_{\Delta t}<f_c\Delta t$ 时：

$$RG_{\Delta t}=R_{\Delta t}$$

所以总地下径流：

$$\sum RG_{\Delta t}=\sum_{P_{\Delta t}-E_{\Delta t}\geqslant f_c\Delta t}\frac{R_{\Delta t}}{P_{\Delta t}-E_{\Delta t}}f_c\Delta t+\sum_{P_{\Delta t}-E_{\Delta t}<f_c\Delta t}R_{\Delta t}$$

f_c 可以利用实测的降雨径流资料分析得到，首先要推求出一次洪水的地下径流总量 $\sum RG_{\Delta t}$，及相应的降雨过程 $P_{\Delta t}-t$，蒸散发过程 $E_{\Delta t}-t$，产流量过程 $R_{\Delta t}-t$。

3. *超渗产流的产流量计算*

超渗产流以雨强 i 是否超过下渗能力 f_p 为产流的控制条件。因此，用实测的雨强过程 $i(t)-t$ 扣除下渗过程 $f_p(t)-t$，就可得净雨过程。

（1）$f_p(t)-t$、$F_p(t)-t$、f_p-F_p 曲线。设下渗曲线用霍顿公式，根据物理意义，对该式从 $0\sim t$ 积分，有：

$$F_p(t)=f_ct+\frac{1}{\beta}(f_0-f_c)-\frac{1}{\beta}(f_0-f_c)e^{-\beta t}$$

式中：$F_p(t)$ 为（0，t）时段内的累积下渗水量。

由 $f_p(t)-t$ 和 $F_p(t)-t$ 曲线可得到 f_p-F_p 曲线。因 $F_p(t)$ 数值上等于 t 时刻流域的土壤含水量 W_t，所以 f_p-F_p 曲线实际上相当于 f_p-W 曲线。

（2）超渗产流量计算：应用 $f_p(t)-t$ 和 f_p-W 曲线推求产流量。将降雨过程划分为不同的计算时段，逐时段计算的步骤如下：

1）根据降雨开始时流域的土壤含水量 W_0，在 f_p-W 曲线上查出本次降雨开始时土壤的下渗能力 f_0。

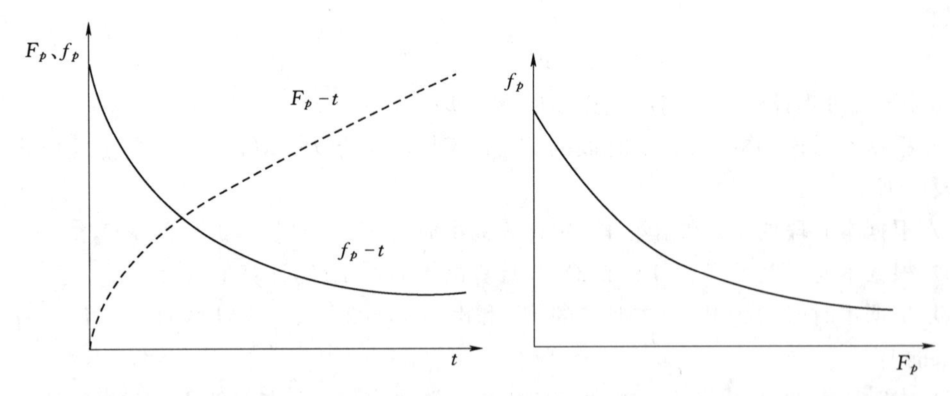

图 6-9　$f_p(t)-t$、$F_p(t)-t$ 和 f_p-F_p 曲线示意图

2）将第 1 时段平均雨强 $\bar{i}_1$ 与 f_0 比较：当 $\bar{i}_1 \leqslant f_0$，本时段不产流，时段内的降雨全部下渗，下渗水量 $I_1=\bar{i}_1\Delta t_1$，时段末流域土壤含水量 $W_1=W_0+I_1$；当 $\bar{i}_1>f_0$，本时段产流，以时段初下渗率 f_0 在 f_p-t 曲线上查出对应的时间 t_0，再以 $t_0+\Delta t_1=t_1$ 在 f_p-t 曲线上查出时段末的下渗率 f_1，又以 f_1 在 f_p-W 曲线上查出时段末的流域土壤含水量 W_1，本时段的下渗水量 $I_1=W_1-W_0$，而第 1 时段的产流量 $R_1=\bar{i}_1\Delta t_1-I_1$。

3）第 1 时段末的下渗能力和土壤含水量即为第 2 时段初的数值，重复第 2）步即可实现逐时段的产流量计算。

（三）流域汇流计算

1. 流域出口断面流量的组成

（1）基本概念及含义。流域汇流是指，在流域各点产生的净雨，经过坡地和河网汇集到流域出口断面，形成径流的全过程。

同一时刻在流域各处形成的净雨距流域出口断面有远有近、流速有大有小，所以不可能全部在同一时刻到达流域出口断面。但是，不同时刻在流域内不同地点产生的净雨，却可以在同一时刻流达流域的出口断面，如图 6-10 所示。

（2）流量成因公式及汇流曲线。设 $t-\tau$ 时刻的净雨强为 $i(t-\tau)$，由于流域调蓄作用的存在，$t-\tau$ 时刻降落在流域上的净雨不可能全部在同一时刻流到出口断面，只有那些流达时间为 τ 的净雨质点（将所有质点面积的总和称为等流时面积）才正好在 t 时刻到达出口断面。所形成的出口断面的流量为

$$dQ(t)=i(t-\tau)dF(\tau)$$

或

$$dQ(t)=i(t-\tau)\frac{\partial F(\tau)}{\partial \tau}d\tau$$

$Q(t)=\int_0^t i(t-\tau)\dfrac{\partial F(\tau)}{\partial \tau}d\tau$，$\dfrac{\partial F(\tau)}{\partial \tau}=u(\tau)$ 称为流域汇流曲线，则

$$Q(t)=\int_0^t i(t-\tau)u(\tau)d\tau=\int_0^t i(\tau)u(t-\tau)d\tau$$

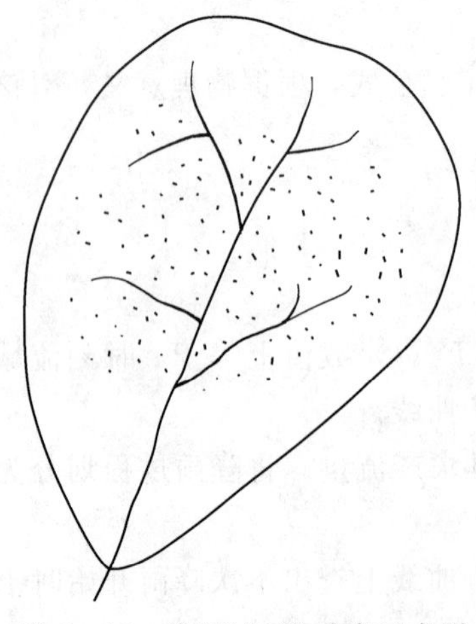

图 6-10　等流时面积分布示意图

上式称为卷积公式，表明流域出口断面的流量过程取决于流域内的净雨过程和汇流曲线。因此，汇流计算的关键是确定流域的汇流曲线。实际工作中，常用的汇流曲线有等流时线、单位线、瞬时单位线等。

2. 单位线

(1) 单位线的基本概念。在给定的流域上，单位时段内分布均匀的单位直接净雨量，在流域出口断面所形成的流量过程线。单位净雨量常取 10mm。单位时段可取 1h、3h、6h、12h 等，依流域大小而定。

采用单位线法进行汇流计算基于以下假定：

1) 倍比假定：如果单位时段内的净雨不是一个单位而是 k 个单位，则形成的流量过程是单位线纵坐标的 k 倍。

2) 叠加假定：如果净雨不是一个时段而是 m 个时段，则形成的流量过程是各时段净雨形成的部分流量过程错开时段叠加。

根据以上假定，出口断面流量公式的表达式为

$$Q_i = \sum_{j=1}^{m} \frac{h_j}{10} q_{i-j+1} \begin{cases} i = 1,2,\cdots,l \\ j = 1,2,\cdots,m \\ i-j+1 = 1,2,\cdots,n \end{cases}$$

式中：Q_i 为流域出口断面各时刻的直接径流流量值，m^3/s；h_j 为各时段的直接净雨量，mm；q_{i-j+1} 为单位线各时刻纵坐标，m^3/s；m 为净雨时段数；n 为单位线时段数。

(2) 单位线的推求。以下介绍分析法推求单位线的步骤。

1) 从实测资料中选降雨、洪水过程，要求降雨时空分布较均匀，雨型和洪水呈单峰，洪水起涨流量小，过程线光滑。

2) 推算净雨过程和分割直接径流，要求直接净雨等于直接径流深。

3) 解线性代数方程组求不同时刻单位线的纵坐标。

例：对以下方程组，红线框内的量均已知，由第 1 个方程解出 q_1，将 q_2 代入第 2 个方程解出 q_2，将 q_2 代入第 3 个方程解出 q_3，依次类推……

$$\begin{aligned} Q_{d,1} &= r_{d,1} q_1 \\ Q_{d,2} &= r_{d,1} q_2 + r_{d,2} q_1 \\ Q_{d,3} &= r_{d,1} q_3 + r_{d,2} q_2 \\ Q_{d,4} &= r_{d,1} q_4 + r_{d,2} q_3 \\ Q_{d,5} &= r_{d,1} q_5 + r_{d,2} q_4 \end{aligned}$$

由于实际上流域汇流并不严格遵循倍比和叠加假定，实测资料及推算的净雨也具有一定的误差，分析法求出的单位线纵坐标有时会呈锯齿状，甚至出现负值。这种情况下应对单位线作光滑修正，但应保持其总量为 10mm。

(3) 单位线的时段转换。单位线是有一定时段长的。净雨时段长必须和单位线时段长一致，当两者不一致时，可通过 S 曲线对原单位线进行时段转换。

S 曲线就是单位线各时段累积流量和时间的关系曲线。由一系列单位线加在一起而构成，每一条单位线比前一条单位线滞后 Δt 小时。因时段净雨量连续不断，则地面径流量

不断累积，至某一时刻，全流域净雨量参加汇流以后，径流量就成了不变的常数，其形状如S。如图6－11所示。

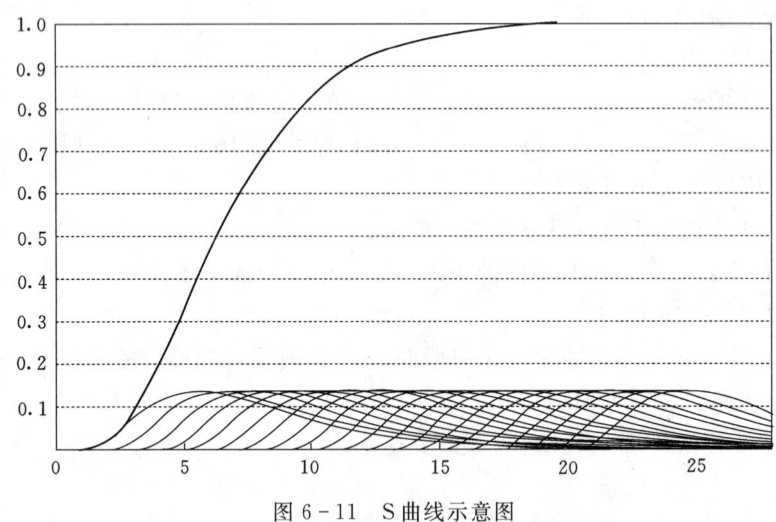

图6－11　S曲线示意图

四、注意事项

单位线的两个假定不完全符合实际，一个流域上各次洪水分析的单位线常常有些不同，有时差别还比较大。在洪水预报或推求设计洪水时，必须分析单位线存在差别的原因并采取妥善的处理办法。

五、思考题

（1）对于同一流域，影响产流量和汇流量大小的主要因素分别有哪些？

（2）土壤含水量的增加主要靠什么补充？土壤含水量的亏耗主要取决于流域的什么？

（3）计算流域汇流一般有哪些方法？请分析它们的异同点。

第四节　设计洪水过程线推求

一、课程设计目的

（1）掌握由设计流量推求设计洪水的方法，包括同倍比放大法与同频率放大法。

（2）掌握由设计暴雨推求设计洪水的思路。

二、课程设计（知识）基础

（1）洪水资料的调查方法。

（2）设计洪峰流量及洪量的推求。

（3）设计暴雨计算。

（4）流域产、汇流计算，及求得相应的洪水过程。

三、课程设计方法步骤

（一）设计流量推求设计洪水

1. 典型洪水过程线的选取

典型洪水过程线是放大的基础，从实测洪水资料中选择典型时，资料要可靠，应考虑：

（1）选择峰高量大的洪水过程线，其洪水特征接近于设计条件下的稀遇洪水情况。

（2）洪水过程线具有一定的代表性，即它的发生季节、地区组成、洪峰次数、峰量关系等能代表本流域上大洪水的特性。

（3）从防洪安全着眼，选择对工程防洪运用较不利的大洪水典型，如峰型比较集中，主峰靠后的洪水过程。

2. 同倍比放大法

用同一放大倍比 k 值，放大典型洪水过程线的流量坐标，使放大后的洪峰流量等于设计洪峰流量 Q_{mp}，或使放大后的控制时段 t_k 的洪量等于设计洪量 W_{kp}。

使放大后的洪峰流量等于设计洪峰流量 Q_{mp}，称为“峰比”放大，放大倍比为

$$k=\frac{Q_{mp}}{Q_{md}} \tag{6-1}$$

使放大后的控制时段的洪量等于设计洪量 W_{kp}，称为“量比”放大，放大倍比为

$$k=\frac{W_{kp}}{W_{kd}} \tag{6-2}$$

式中：k 为放大倍比；Q_{mp}、W_{kp} 分别为设计频率为 p 的设计洪峰流量和 t_k 时段的设计洪量；Q_{md}、W_{kd} 分别为典型洪水过程的洪峰流量和 t_k 时段的洪量。

按式（6-1）或式（6-2）计算放大倍比 k，然后与典型洪水过程线流量坐标相乘，就得到设计洪水过程线。

3. 同频率放大法

在放大典型过程线时，按洪峰和不同历时的洪量分别采用不同倍比，使放大后的过程线的洪峰及各种历时的洪量分别等于设计洪峰和设计洪量。也就是说，经放大后的过程线，其洪峰流量和各种历时洪水总量的频率都符合同一设计标准，称为“峰、量同频率放大”，简称“同频率放大”。

洪峰的放大倍比 k_Q：

$$k_Q=\frac{Q_{mp}}{Q_{md}}$$

最大 1 天洪量的放大倍比 k_1：

$$k_1=\frac{W_{1p}}{W_{1d}}$$

式中：W_{1p} 为最大 1 天设计洪量；W_{1d} 为典型洪水的最大 1 天洪量。

放大后，可得到设计洪水过程中最大 1 天的部分。对于其他历时，如最大 3 天，如果在典型洪水过程线上，最大 3 天包括了最大 1 天，因为这一天的过程已放大成 W_{1p}，因

此，只需要放大其余两天的洪量，使放大后的这两天洪量 W_{3-1} 与 W_{1p} 之和，恰好等于 W_{3p}，即

$$W_{3-1}=W_{3p}-W_{1p}$$

所以这一部分的放大倍比为

$$k_{3-1}=\frac{W_{3p}-W_{1p}}{W_{3d}-W_{1d}}$$

同理，在放大最大 7 天中，3 天以外的 4 天内的倍比为

$$k_{7-3}=\frac{W_{7p}-W_{3p}}{W_{7d}-W_{3d}}$$

依次可得其他历时的放大倍比。

在典型洪水过程线放大中，由于在两种历时衔接的地方放大倍比 k 不一致，因而放大后在交界处产生不连续现象，使过程线呈锯齿形。此时需要修匀，使其成为光滑曲线，修匀时需要保持设计洪峰和各种历时的设计洪量不变。修匀后的过程线即为设计洪水过程线。

（二）设计暴雨推求设计洪水

求得设计暴雨后，进行流域产流、汇流计算，即可由设计流量求得相应的洪水过程。本节主要介绍在设计条件如暴雨强度及总量较大、当地雨量、流量资料不足等情况下，设计前期影响雨量 P_a 的计算。

1. 取设计 $P_a=I_m$

在湿润地区，当设计标准较高，设计暴雨量较大，P_a 的作用相对较小。由于雨水充沛，土壤经常保持湿润情况，为了安全和简化，可取 $P_a=I_m$。

2. 扩展暴雨过程法

在拟定设计暴雨过程中，加长暴雨历时，增加暴雨的统计时段，把核心暴雨前面一段也包括在内。例如，原设计暴雨采用 1 日、3 日、7 日 3 个统计时段，现增长到 30 日，即增加 15 日、30 日 2 个统计时段。分别作上述各时段雨量频率曲线，选暴雨核心偏在后面的 30 日降雨过程作为典型，而后用同频率分段控制缩放得 7 日以外 30 日以内的设计暴雨过程。后面 7 日为原先缩放好的设计暴雨核心部分，是推求设计洪水用的。前面 23 日的设计暴雨过程用来计算 7 日设计暴雨发生时的 P_a 值，即设计 P_a。一般可取初始值 $P_a=\frac{1}{2}I_m$ 或 $P_a=I_m$。

3. 同频率法

假如设计暴雨历时为 t 日，分别对 t 日暴雨量 x_t 系列和每次暴雨开始时的 P_a 与暴雨量 x_t 之和即 x_t+P_a 系列进行频率计算，从而求得 x_{tp} 和 $(x_t+P_a)_p$，则与设计暴雨相应的设计 P_a 值可由两者之差求得，即

$$P_{ap}=(x_t+P_a)_p-x_{tp}$$

当得出 $P_{ap}>I_m$，则取 $P_{ap}=I_m$。

四、注意事项

(1) 一般按典型洪水过程线的选取条件初步选取几个典型，分别放大，并经调洪计

算，取其中偏于安全的作为设计洪水过程线的典型。

（2）两种放大方法的比较。

1）同倍比放大法计算简便，常用于峰量关系好及多峰型的河流。其中，“峰比”放大常用于防洪后果主要由洪峰控制的水工建筑物，“量比”放大则常用于防洪后果主要由时段洪量控制的水工建筑物。此外，同倍比放大后，设计洪水过程线保持典型洪水过程线的形状不变。

2）同频率放大法常用于峰量关系不够好、洪峰形状差别大的河流。这种方法适用于有调洪作用的水利工程，例如调洪作用大的水库等。此法较能适应多种防洪工程的特性，解决控制时段不易确定的困难。目前大、中型水库规划设计中，主要采用此法。另外，成果较少受典型不同的影响，放大后洪水过程线与典型洪水过程线形状可能不一致。

（3）求设计前期影响雨量的 3 种方法中，扩展暴雨过程法用得较多，$P_{ap}=I_m$ 方法仅适用于湿润地区。在干旱地区包气带不易蓄满，故不宜使用。同频率法在理论上是合理的，但在实用上也存在一些问题，它需要由两条频率曲线的外延部分求差，其误差往往很大，常会出现一些不合理现象，例如设计 P_a 大于 I_m 或设计 P_a 小于零的情况。

五、思考题

（1）简述小流域设计洪水的计算方法及其适用条件有哪些？

（2）简述典型洪水过程线选择的原则是什么？

第七章

水文预报课程设计

第一节 模型选择与分析

一、课程设计目的

（1）流域水文模型是水资源评价、开发、利用和管理的理论基础，是分析研究气候变化和人类活动对洪水、水资源和水环境影响的有效工具。

（2）本次课程设计的目的是通过完整的水文预报建模训练，使同学们了解水文模型构建的基本流程，掌握模型构建过程需要考虑的基本要素。

二、课程设计（知识）基础

水文学原理中水量平衡、三层蒸发模型、流域产汇流计算等水文学基础知识。

三、课程设计方法步骤

水文预报建模或称预报方案建立，主要涉及模型选择、模型参数确定、模型分析检验和模型结构改进，可由图7－1流程图表示。

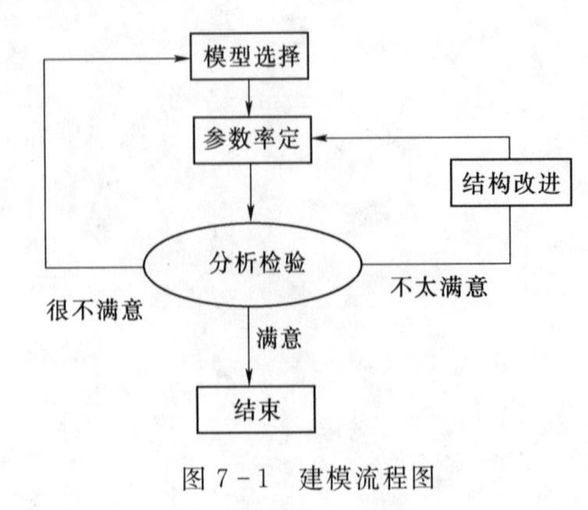

图7－1 建模流程图

模型选择主要考虑气候、洪水、植被、地貌、地质和人类活动等因素，从蒸发、产流、分水源、坡面汇流和河网汇流五方面来选择。

蒸发对于我国绝大多数流域可采用三层蒸发模型。有些南方湿润地区流域，第三层蒸发作用不大，可简化为二层。蒸发折算系数可以是常数也可以是变数，在南方湿润地区，通常只考虑汛期和枯季的差异即可；而在高寒地区，还要考虑冬季封冻带来的差异。因此蒸发折算系数的季节变化要视具体流域的蒸发特征而定。

产流主要根据流域的气候特征，湿润地区选择蓄满产流、干旱地区选择超渗产流，干旱半干旱地区采用混合产流。在理论上讲，混合产流模型要优于其他两者，但在湿润地区，蓄满产流与混合产流两种方法计算结果除少数洪水外很接近，而蓄满产流结构相对简单些、应用检验充分些、方法成熟些、使用起来也方便些，通常可优先选择；干旱半干旱地区流域，混合产流模型效果常好于其他两者，可作为首选模型。另外如果流域地处高寒地区，产流结构中应考虑冰川积雪的融化、冬季的流域封冻等；如果流域内岩石、裂隙发育，喀斯特溶洞广布或甚至存在地下河的不封闭流域，产流要采用相应的特殊结构；还有一些人类活动作用强烈的流域，都不能一概而论。例如，流域内中小水库或水土保持措施作用大时，应考虑这些水利工程对水流的拦截作用等。

分水源可用稳定下渗率、下渗曲线、自由水箱和下渗曲线与自由水箱的结合等划分结构。稳定下渗率和下渗曲线划分结构，通常适用于两水源；自由水箱和下渗曲线与自由水箱的结合划分结构可用于三水源及更多水源的划分。

坡面汇流通常分三水源进行，汇流结构可以是线性水库、单位线、等流时线等。有些流域地面径流汇流参数随洪水特点不同而变化，可考虑参数的时变性；有些流域地下径流丰富、汇流机理复杂，还可考虑四水源。水源的划分是相对的，在目前技术和方法条件下不宜划分过多种的水源，随着技术的发展、信息利用水平的提高，也可划分更多种水源。

河网汇流结构选择相对简单些，通常用分河段的马斯京根法汇流，也可采用其他方法，差别不会太大。只是汇流参数有时随洪水大小变化较大，要采用时变汇流参数。

四、注意事项

注意模型因素计算过程中不同情景下参数的选择问题。

五、思考题

（1）简述选择模型的主要参考因素。

（2）影响水文模型模拟效果的因素有哪些？如何进一步优化模型？

第二节 参数率定与验证

一、课程设计目的

（1）通过对新安江水文模型的参数问题的讨论分析，了解模型构建过程中参数率定的基本原理和率定过程的主要思路。

（2）通过深入探讨模型参数问题，加强对第一节模型选择与分析学习的理解与掌握。

二、课程设计（知识）基础

水文学原理中水量平衡、三层蒸发模型、流域产汇流计算等水文学基础知识。

三、课程设计方法步骤

原则上，任何模型的任一参数都可通过参数率定方法确定。然而，模型参数的率定是一个十分复杂和困难的问题。流域水文模型除了模型的结构要合理外，模型参数的率定也是一个十分重要的环节。新安江模型的参数大都具有明确的物理意义，因此，它们的参数值原则上可根据其物理意义直接定量。但由于缺乏降雨径流形成过程中各要素的实测与试验过程，故在实际应用中只能依据出口断面的实测流量过程，用系统识别的方法推求。由于参数多，信息量少，就会产生参数的相关性、不稳定性和不唯一性问题。下面就新安江模型参数的敏感性问题、参数的相关性问题、参数的人机交互率定和自动率定做一些讨论。

（一）参数的敏感性分析

所谓参数的敏感性是指将待考察的参数增加或减少一个适当的数量，再进行模型模拟计算，观察它们对模拟结果和目标函数变化的影响程度，也称参数的灵敏度；参数改变后的模拟结果比较参数改变前的模拟结果改变越大，则说明此参数越敏感（灵敏）；反之，若参数改变后的模拟结果与参数改变前的模拟结果基本不变，则说明此参数反应迟钝、不敏感。敏感性参数，其数量稍有变化对输出的影响就很大；反映迟钝的参数，对输出影响不大；有的参数在湿润季节敏感，在干旱季节不敏感，而有的参数则反之；有的参数在高水时敏感，低水时不敏感，而有的参数则反之等。对敏感性的参数应仔细分析，认真优选；对不敏感的参数可粗略一些或根据一般经验固定下来，不参加优选。

新安江模型参数可分蒸散发计算、产流计算、分水源计算和汇流计算四类（或四个层次），在应用中，应根据特定流域的具体情况来分析确定。

（二）参数的相关性分析

模型参数的相关性问题历来是模型研制者关注的重点问题，模型中只要有相关程度较高的参数存在，其解就不稳定，也不唯一。为了解决参数相关性的问题，可按新安江模型的层次结构率定参数，每个层次分别采用不同目标函数的优化方法。实际应用中发现，新安江模型有些参数之间的不独立性既存在于层次之内，也存在于层次之间。

用历史水文资料检验验证，用选择的结构、确定的模型参数进行模拟计算，比较计算与实测流量的误差，可以分析检验模型结构和确定参数的合理性与所选结构对历史资料模拟的有效性。如果通过比较分析误差系列，模型模拟效果好，则说明结构合理有效，建模就结束，否则要分析效果差的原因，找出不合理的结构加以改进；如果效果很不满意，还应考虑重新选择模型。

综合历史资料模拟误差情况对模型结构改进主要是对原模型结构不够完善的地方，进行改进。这改进的关键是分析模拟系统性偏差与模型结构的关系。

所谓系统偏差，就是模拟特征量系统的偏大（或偏小）于实测特征量。例如大洪水的计算洪峰系统偏小于实测洪峰，而小洪水的又系统偏大于实测值，这种系统偏差反映模型汇流参数还没有考虑随洪水特征不同而变化。因为通常流域大洪水地面径流汇集速度会比小洪水快，受到的流域相对调蓄作用比小洪水小些，如果采用常参数汇流结构，会引起这类系统偏差，可以考虑采用参数随洪水量级而变化的汇流结构；又如采用蓄满产流计算产流时，对夏季久旱后由大强度的对流型暴雨形成的洪水，如果计算的次洪产流量系统偏小于实测的次洪径流量，就要考虑产流结构的改进。因为夏季久旱后流域土壤缺水量很大，遇大强度暴雨不易蓄满就由于雨强大于下渗能力而产生地面径流，导致计算次洪径流量系统偏小，这种情况宜采用混合产流结构；另外同样对于夏季久旱后的洪水，假如计算的次洪产流量系统偏大于实测的次洪径流量，就要考虑地表面的截流作用。因为流域上地表面坑坑洼洼，还有农田、山塘、水坝和中小型水库等，夏季久旱后，由于蒸发、农业灌溉、城市生活和工业供水等，使这些具有一定蓄水库容的设施蓄水量减少或干枯，降雨落在这些设施控制的流域面积上产生的径流首先受到这些水利工程设施的截流拦蓄，导致实测的径流量小于实际的产流。所以这时应考虑增加地面坑洼截流的结构，以模拟这类因素的作用；还有如高寒封冻与融化、岩溶调蓄、流域不闭合、参数值确定不合理等因素，都会引起不同特征的系统偏差，不同的问题需要分别处理，这里不一一叙述。

四、注意事项

（1）本次课程仅以新安江水文模型为例讲解水文模型参数的选择与率定问题，针对性较强。实际操作中具体模型的参数问题应以实际情景为准加以选择取舍。

（2）本次课程理论性较强，应重点学习掌握其中提供的考虑问题的思路。

五、思考题

（1）请简述新安江模型的基本结构与应用场景。

（2）请简述进行参数敏感性分析与相关性分析的目的与操作步骤。

（3）模型参数率定的方法有哪些？请简单介绍各方法的原理与适用条件。

第三节　水文过程模拟与计算

一、课程设计目的

（1）培养学生综合运用所学水文预报知识，分析和解决水文预报方案制作工程技术问题的能力。

（2）通过课程设计实践，训练并提高学生分析问题解决问题的能力。

（3）学会计算机编程的基本方法和基本操作。

（4）加深对水文预报方法的掌握，学会各种方法的综合运用。

（5）锻炼从事专业工作的基本能力，学会简单的参数率定方法。

（6）根据已给设计暴雨资料、参数，编写相应程序，将流域作为整体进行次洪产流量、划分水源、直接径流汇流、地下径流汇流计算；绘出直接径流过程、地下径流过程、总的流量过程。

二、课程设计（知识）基础

（1）流域产汇流计算。

（2）水文模型的选择与分析。

（3）模型参数率定与验证。

（4）设计面暴雨量的计算。

三、课程设计方法步骤

白盆珠水库位于广东省东江一级支流西枝江的上游，坝址以上集雨面积 856km²。流域地处粤东沿海的西部，海洋性气候显著，气候温和，雨量丰沛。暴雨成因主要是锋面雨和台风雨，常受热带风暴影响。降雨年际间变化大，年内分配不均，多年平均降雨量为 1800mm，实测年最大降雨量为 3417mm，汛期 4—9 月降雨量占年降雨量的 81%左右，径流系数 0.5～0.7。

流域内地势平缓，土壤主要有黄壤和砂壤，具有明显的腐殖层，淀积层和母质土等层次结构，透水性好。台地、丘陵多生长松、杉、樟等高大乔木；平原则以种植农作物和经济作物为主，植被良好。

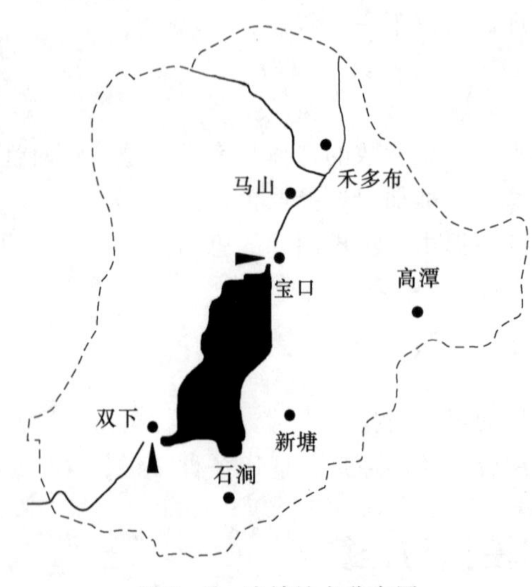

图 7-2　流域站点分布图

流域上游有宝口水文站，流域面积为 553km²，占白盆珠水库坝址以上集雨面积的 64.6%。白盆珠水库有 10 年逐日入库流量资料、逐日蒸发资料和时段入库流量资料。流域内有 7 个雨量站，其中宝口以上有 4 个，如图 7-2 所示。雨量站分布较均匀，有 10 年逐日降水资料和时段降水资料；宝口水文站具有 10 年以上水位、流量资料；流域属山区性小流域且受到地形、地貌等下垫面条件影响，洪水陡涨缓落，汇流时间一般 2～3h，有时更短；一次洪水总历时 2～5d。

表 7-1　计算年份及参数表

计算年份	参数				初始张力水蓄量			
	WM/mm	WUM/mm	WLM/mm	WDM/mm	W/mm	WU/mm	WL/mm	WD/mm
1989—1990	140	20	60	60	110	10	40	60
	B	C	IM	F_C /(mm/d)				
	0.2	0.16	0.002	24				

注　蒸散发折算系数 K_c 优选范围为 0.90～1.30，优选的原则为：计算的两年内每年的年轻流量相对误差尽可能不超过 5%。

表 7-2　宝口流域（$P=0.2\%$）设计暴雨过程

日期			蒸散发/mm	降雨量/mm			
月	日	时		禾多布	马山	高潭	宝口
9	23	12	1.3	6.2	9.9	21.6	17.3
		15	1.3	7.6	16	20.6	12.6

续表

日期			蒸散发/mm	降雨量/mm			
月	日	时		禾多布	马山	高潭	宝口
		18	1.3	6.2	6.4	14.9	15.9
		21	1.3	8.8	17.2	29.4	18.5
	24	24	1.2	25	34.8	35.3	24.6
		3	0.9	29.9	29.2	43.9	37.8
		6	0.9	38.6	24.8	46.9	33
		9	0.9	6.9	7.5	6.1	12.3
		12	0.9	28.3	29.9	34.2	28.5
		15	0.9	25.6	42.7	39.8	75.4
		18	0.9	93.9	137.6	124	13.2
		21	0.9	85.3	90.8	85	75.9
	25	24	0.8	51.5	47.4	49.2	38.5
		3	1.1	39.8	70.3	42.1	97.7
		6	1.1	43.2	47.3	61.5	45.9
		9	1.1	20.5	13.3	15.8	13.1
		12	1.1	10.5	8	1.8	3.3
		15	1.1	7.4	8.4	7.6	10.9
		18	1.1	1.8	2.8	2.1	4.6
		21	1.1	0.2	0	0.3	0
	26	24	1.2	0	0	0	0
		3	2.1	0	0	0	0
		6	2.1	0	0	0	0
		9	2.1	0	0	0	0
		12	2.1	0	0	0	0
		15	2.1	0	0	0	0
		18	2.1	0	0	0	0
		21	2	0	0	0	0

1. 三层蒸发模式的计算

由于土壤含水率不宜直接用于水量平衡式的产流量计算，常把蒸发与土壤含水率的关系转化为土壤含水量的关系，目前国内常用的三层蒸发计算模式如下：

上层蒸发量：

$$E_U = E_P$$

下层蒸发量：

$$E_L = E_P WL/WLM$$

深层蒸发量：

$$E_D=CE_P$$

总蒸发量：

$$E=E_U+E_L+E_D$$

式中：E_P 为流域蒸发能力，mm；WL 为下层土壤含水量，mm；WLM 为下层土壤含水容量，mm；C 为蒸发扩散系数。

三层蒸发模式按照先上层后下层的次序，具体分如下四种情况计算：

（1）当 $WU+P\geqslant E_P$ 时：

$$E_U=E_P,E_L=0,E_D=0$$

（2）当 $WU+P<E_P$，$WL\geqslant C\cdot WLM$ 时：

$$E_U=WU+P,E_L=\frac{(E_P-E_U)WL}{WLM},E_D=0$$

（3）当 $WU+P<E_P$，$C(E_P-E_U)\leqslant WL<C\cdot WLM$ 时：

$$E_U=WU+P,E_L=C(E_P-E_U),E_D=0$$

（4）当 $WU+P<E_P$，$WL<C(E_P-E_U)$ 时：

$$E_U=WU+P,E_L=WL,E_D=C(E_P-E_U)-E_L$$

式中：WU 为上层土层含水量，mm；P 为降雨量，mm。

2. 流域蓄水容量曲线

流域蓄水容量曲线是将流域内各地点包气带的蓄水容量，按从小到大顺序排列的一条蓄水容量与相应面积关系的统计曲线。

包气带含水量中有一部分水量在最干旱的自然状况下也不可能被蒸发掉，因此上述的包气带蓄水容量是包气带中实际可变动的最大含水量，即包气带达田间持水量时的含水量与最干旱时含水量之差，也等于包气带最干旱时的缺水量，因此，流域蓄水容量曲线也反映了流域包气带缺水容量分布特性。

3. 降雨量产流量计算

（1）初始土湿分布与计算。一般情况下，降雨前的初始土壤含水量不为零，这时，初始土壤含水量在流域上的分布直接影响降雨产流量值。

（2）建立降雨径流关系。由蓄水容量曲线转换为降雨径流关系图。

（3）产流量计算。当有了 $R=f(PE,W)$ 关系曲线后，即可进行产流量计算，具体步骤如下。

1）根据前期实测降雨量和蒸散发计算模式，推算得本次降雨初始时的流域土湿 W。

2）计算本次降雨的流域平均值 P，扣除雨期蒸发后得 PE 值。

3）查降雨径流关系图，得产流量计算值 R。

4. 二水源划分

流域坡地上的降雨产流量因产流过程的条件和运动路径不同，受流域的调蓄作用不同，各径流成分在流量过程线上的反应是不一样的。在实际工作中，常需按各种径流成分分别计算或模拟，因而要对产流量进行水源划分。

通过稳渗率 F_C 可划分产流量中的直接径流和地下径流。

5. 直接法推求设计面暴雨量

结合第五章内容，应用直接法推求设计面暴雨量。

四、注意事项

(1) 用给定权重计算流域面平均雨量。

(2) 参数 K_c 的优选原则。

(3) 计算的两年资料的 K_c 应相同并使得两年内每年的年径流相对误差尽可能不超过5%。

五、思考题

(1) 请简述水文预报方法有哪些，它们的原理与操作步骤是怎样的?

(2) 请根据绘制的降雨径流关系图，分析降雨与径流之间的相关关系。

(3) 水文过程模拟与计算在水利水电工程建设的各个阶段有何作用?

第八章

水资源评价及管理课程设计

第一节　需　水　计　算

一、课程设计目的

需水量是指满足一个地区工业、农业、生活、生态发展等所需要的水资源量，包括工业需水量、灌溉用水量、生态需水、居民生活用水、建筑业和第三产业需水等。进行需水计算能够为灌溉工程、城镇供水工程、跨流域调水工程以及综合利用水库工程等提供重要的水利计算基础资料，是协调不同用水部门、不同时段间供需矛盾的重要依据。

二、课程设计（知识）基础

不同需求、不同用户的用水方式、数量与过程都存在较大差异，因此，在进行需水计算之前，要清楚不同需求、不同用户的用水特点。同时，还需要对水文计算、水均衡理论、水量估算和测定方法以及灌溉用水、水域生态系统相关的基本概念有一定的了解。

三、课程设计方法步骤

（一）工业需水量的计算

工业用水一般是指工、矿企业在生产过程中，用于制造、加工、冷却、空调、净化、洗涤等方面的用水。工业用水是城镇用水的重要组成部分，其用水量大小受工业发展的规模及速度、工业结构、工业生产的水平、节约用水的程度、供水条件和水资源条件等多种因素影响，且与生产工艺、气候条件等有关。

开展工业用水调查是获取用水资料的重要手段，通过工业用水调查不仅可以了解工业用水一般情况，还能明确研究区工业用水水平及节水潜力，为确定工业需水量提供了保证。在获取工业用水调查资料后，便可以进行调查数据的分析计算了。

1. 工业用水水平衡

一个地区、一个工厂、乃至一个车间的每台用水设备，在用水过程中水量收支保持平衡。即：一个用水单元的总用水量，与消耗水量、排出水量和重复利用水量相平衡。

$$Q_{总}=Q_{耗}+Q_{排}+Q_{重} \tag{8-1}$$

式中：$Q_{总}$ 为总用水量，在设备和工艺流程不变时，为一定值；$Q_{耗}$ 为耗水量；$Q_{排}$ 为排水量；$Q_{重}$ 为重复用水量。

在水利工程水利计算中，对于工业用水的计算与预测，必须区分水平衡中不同水量的含义，式（8-1）中的总用水量与普通所说的用水量含义上有所不同，通常所说的用水量指取用水量（或称补充水量），取用水量是城镇供水工程水利计算的基础。而总用水量为补充水量和重复用水量之和。即

$$Q_{总}=Q_{补}+Q_{重} \tag{8-2}$$

从式（8-2）看出，只有当 $Q_{重}=0$ 时，总用水量才等于补充水量。在一个单元的用水过程中，若提高水的重复利用量，可使补充水量减少。由式（8-1）和式（8-2）可得

$$Q_{补}=Q_{耗}+Q_{排} \tag{8-3}$$

$Q_{耗}$ 在设备和工艺流程不变的情况下，其值比较稳定，一般情况下只占总用水量的2%～5%，但诸如饮料、酿造等行业，产品中带走了一定数量的水量，$Q_{耗}$ 就比较高。

2. 工业用水水平度量指标

一般通过以下指标衡量一个地区的用水水平。

（1）重复利用率 η。重复利用率为重复用水量占总用水量的百分比。

$$\eta=(Q_{重}/Q_{总})\times 100\% \tag{8-4}$$

（2）排水率 P。排水率为排水量占总用水量的百分比。

$$P=(Q_{排}/Q_{总})\times 100\% \tag{8-5}$$

（3）耗水率 r。耗水率为耗水量占总用水量的百分比。

$$r=(Q_{耗}/Q_{总})\times 100\% \tag{8-6}$$

上述三个指标是考核工业用水水平和水平衡计算的重要指标，也是地区用水规划和工业用水预测的依据之一，且有

$$\eta+P+r=100\% \tag{8-7}$$

3. 工业用水的分项测定和计算

不同行业的工业用水定额，是计算工业用水量的关键指标，下面介绍几种简易的量测设施和简便测定方法。

（1）用水量测定。水表计量是最好的测定用水量方法，对于无水表的工厂，可以利用工厂的现有量水设备，用简便方法测定用水量。

1）利用水池、水塔储水设备测定用水量。在正常生产条件下，充满水池（或水塔）。蓄满后，停止水泵运行，测定水池（或水塔）水位下降的速率。则单位时间内的用水量为

$$Q=BV \tag{8-8}$$

式中：B 为水塔或水池的截面积；V 为水位下降的速度。

2）利用生产设备测定。有些工业生产部门具有水槽、桶等设备。可用其测定用水量。一般有两种测定法：将槽、桶排水口临时堵塞，测定槽内水面上升的速度；或者将补充槽、桶的进水管关闭，测定槽内水面下降速度。

$$Q=VB \tag{8-9}$$

式中：V 为水面上升或下降的速度；B 为水面的面积（为水槽、桶的截面积）。

(2) 排水量测定。在不具备流速仪测流条件时，测定工厂的排水量，可采用以下简便方法。

1) 三角堰测定法。在排水明渠或排水管出口处的明渠段，安装三角量水堰，测定排水量。三角堰流量计算公式为

$$Q=Ch^{\frac{5}{2}} \tag{8-10}$$

式中：Q 为过堰流量，L/s；h 为过堰水深，cm；C 为随 h 变化的系数，可由表 8-1 查得。

表 8-1　　系数 C 取值表

h/cm	C	h/cm	C
<5.0	0.0142	15.1～20.0	0.0139
5.1～10.0	0.0141	20.1～25.0	0.0138
10.1～15.0	0.0140	25.1～30.0	0.0137

三角堰测流有一定的适用条件，在一些计算手册中已编制成表格，可以直接参考。

2) 浮标测定法。当工厂排水系统为地下暗管或集水廊道式排水，可采用浮标测定排水量。选取排水道的直线段，量测两个检查井的距离 S，在上一检查井中投入浮标，计时测定至下一检查井浮标出现时间 t，则水流速度为

$$V=S/t \tag{8-11}$$

排水量为

$$Q_{排}=VB \tag{8-12}$$

式中：B 为排水廊道过水断面面积；V 为水流速度。

为消除测定偶然误差，一般浮标测定要连续测 2～3 次，分析确定测定值。

(3) 耗水量的测定与计算。耗水量主要包括以下三方面：

1) 生产过程中蒸发水量。蒸发损失量可以通过试验和计算求得，以冷却塔的循环冷却水的蒸发损失计算为例，可以分为水沫损失和蒸发损失。水沫损失与通风冷却形式有关，据试验资料，喷雾泵损失水量为 1.5%～5%，自然通风式损失水量为 0.3%～1.0%，强制通风式损失水量为 0.1%～0.3%。蒸发损失与降温冷却幅度有关，可用热力学公式计算求得。

2) 生产过程中渗漏水量。渗漏损失水量，可以进行实测。测定时间可选在厂休日，将最末级阀关闭，其他各级阀门全部打开，测定其水量变化，即为渗漏损失水量。

3) 被产品带走的水量。产品携带水量，可通过设计资料和查阅有关资料估算。

(二) 灌溉用水量的计算

灌溉用水量即灌区从水源引入的用于灌溉的水量，又称毛灌溉用水量。灌溉用水量包括作物正常生长所需灌溉的水量、渠系输水损失水量和田间灌水损失水量。作物正常生长所需灌溉的水量称为净灌溉用水量，又称有效灌溉水量。在特定条件下，净灌溉用水量还包括为改善作物生态环境（如防霜冻、湿润空气、洗盐、调节土温、喷洒农药等）所需用的水量。灌溉用水量是灌溉工程及灌区规划、设计和管理中不可缺少的数据，灌溉用水量的计算主要包括作物田间需水量计算、作物田间耗水量计算、作物灌溉用水量计算以及灌

区综合灌溉用水过程计算等步骤。

1. 作物田间需水量计算

灌溉用水计算中常遇到一些极易混淆的基本概念，这些概念可能导致计算上的错误，需要明确。

（1）作物需水量。作物在生长期中主要消耗于维持正常生长的生理用水量称为作物需水量，它包括叶面蒸腾和棵间（土壤或水面）蒸发两个部分，这两部分合在一起简称腾发量。

（2）作物田间耗水量。对于旱作物，其田间耗水量为作物需水量和土壤深层渗漏量之和；而对于水稻田来说，除水稻需水量和水田渗漏量外，还应包括秧田用水和泡田用水量。

（3）田间灌溉用水量。除有效降雨之外，需由灌溉工程提供的水量称为田间灌溉用水量，简称灌溉用水量。灌溉用水量即为灌溉工程的净供水量。

（4）灌溉面积。灌溉面积一般指由灌溉工程供水的耕地面积。灌溉面积上灌溉用水量的大小与灌溉标准、土壤气象条件、作物种类、播种面积等因素有关。

灌溉用水量可以采用深度（mm）、体积（m^3）、流量（m^3/s）等单位，其中深度与单位面积上的体积（m^3/hm^2）之间的关系如下：

$$1m^3/hm^2=0.1mm$$

采用深度单位时，必须将各种作物灌溉用水量化成同一面积的深度（如化为总耕地面积上的深度），否则不能直接进行加、减等代数运算。

由大量灌溉试验资料可以看出，作物田间需水量的大小与气象（温度、日照、湿度、风速）、土壤含水状况、作物种类及其生长发育阶段、农业技术措施、灌溉接水方式等有关。这些因素对需水量的影响相互关联，错综复杂。因此，目前尚不能从理论上对作物田间需水量进行精确的计算。在生产实践中，一方面通过建立试验站，直接测定某些点上的作物田间需水量；另一方面可根据试验资料采用某些估算方法来确定作物田间需水量。

现有估算方法大体可归纳为两类：一类方法是建立作物田间需水量与其影响因素之间的经验关系，即经验公式法，包括以水面蒸发为参数的需水系数法（简称“α 值法”）、以气温为参数的需水系数法（简称“β 值法”）、以多种因素为参数的公式法等；另一类方法是根据能量平衡原理，推求作物田间腾发消耗的能量，再由能量换算为相应作物的田间需水量，即能量平衡法，该方法在欧美一些国家采用较多。下面简单介绍一下经验公式法中的“α 值法”。

国内外大量灌溉试验资料表明，水面蒸发量能综合地反映各项气象因素的变化。作物田间需水量与水面蒸发量之间存在一定关系，并可用下列线性公式表示

$$E=\alpha E_0+b \tag{8-13}$$

式中：E 为某时段内（或全生育期）的作物田间需水量，mm；E_0 为同期水面蒸发量，mm，E_0 一般采用 E601 蒸发皿的蒸发值；α 为需水系数，根据试验资料分析确定；b 为经验常数，单位同 E，根据试验资料分析确定，有时可取 $b=0$。

该法只要求具有水面蒸发量资料，即可计算作物田间需水量。由于水面蒸发资料比较容易获得，所以它为我国水稻产区广泛采用。但该法中未考虑非气象因素（如土壤、水文

地质、农业技术措施、水利措施等），因而在使用时应注意分析这些因素对 α 值的影响。

2. 作物田间耗水量计算

灌区综合用水过程是指为保证灌区各种作物正常发育生长需要从外界引入田间的综合灌水过程。综合用水过程的主要包括：单种作物田间耗水量计算、单种作物田间灌水量计算以及灌区各种作物综合灌溉用水过程计算。在计算作物田间耗水量计算。旱作物和水稻田作物田间耗水量可分别用下式计算：

旱作物：田间耗水量＝作物需水量＋土壤深层渗漏量

水稻：田间耗水量＝作物需水量＋水田渗漏量＋育秧水＋泡田水

3. 作物灌溉用水量计算

进行作物灌溉用水量计算时，也需要区分作物种类。以水稻为例，水稻田水量平衡方程为

$$h_2=h_1+P+m-E-C \tag{8-14}$$

式中：h_1 为时段初田面水层深度，mm；h_2 为时段末田面水层深度，mm；P 为时段内降雨量，mm；m 为时段内灌水量，mm；E 为时段内田间耗水量，mm；C 为时段内排水量，mm。

根据水稻田间耗水过程、降雨过程，通过上述水量平衡方程计算，可以求得灌溉用水量。

4. 灌区综合灌溉用水过程计算

对于某一灌区而言，首先需选择适宜的作物种类，并确定各种作物的种植面积，然后计算各单种作物所需灌溉用水量，最后将各种作物按种植面积汇总到一起，编制和调整全灌区的综合灌溉用水过程。

（三）生态需水量的计算

从广义上讲，生态环境需水量指的是维持全球生物地理生态系统水分平衡所需要的水量，包括水热平衡、生物平衡、水沙平衡、水盐平衡的需水量等。下述生态环境用水是指为维持生态与环境功能和进行生态环境建设所需要的最小需水量。按照美化生态环境和修复生态环境的要求，可分为河道内生态环境用水、河道外生态环境用水两大类。前者主要指维持河道及通河湖泊湿地基本功能和河口生态环境（包括冲淤保港等）的用水；后者又可分为美化城市景观建设和其他生态环境建设用水等。不同的生态环境需水量计算方法不同，下面简单介绍植被型生态环境需水和湖泊、湿地、城镇河湖及鱼塘补水的计算步骤及方法。

1. 植被型生态环境需水

城镇绿化用水、防护林草用水等以植被需水为主体，植被型生态环境需水量，可采用定额计算和预测方法，即：根据城镇绿化或植被面积与相应的灌溉定额进行计算，灌溉定额的拟定应根据不同区域的典型植被类型的耗水特征，结合降雨补给土壤的实际量等进行。

采用定额法，即按下式计算：

$$W_G=S_Gq_G \tag{8-15}$$

式中：W_G 为绿地生态需水量，m^3；S_G 为绿地面积，hm^2；q_G 为绿地灌溉定额，m^3/hm^2。

2. 湖泊、湿地、城镇河湖及鱼塘补水

湖泊、湿地、城镇河湖补水及鱼塘补水等，以规划水面面积的水面蒸发量与降水量之差计算，可以采用水量平衡法进行计算：

$$W_t = \omega(\alpha E_t + S_t - P_t) \tag{8-16}$$

式中：ω 为水面面积；E_t 为第 t 时段水面蒸发量，由水文气象部门蒸发皿测得；α 为蒸发皿折算系数，可根据附近水文气象部门资料确定；P_t 为第 t 时段降雨量；S_t 为第 t 时段渗漏量，由调查、实测或经验数据估算。

（四）居民生活用水计算

生活需水包括城镇居民生活用水和农村居民生活用水，居民生活用水计算采用额定法，即

$$W_{居} = nm \tag{8-17}$$

式中：$W_{居}$ 为居民生活用水量；m 为人均生活用水定额；n 为用水人数。

居民生活用水定额与各地水源条件、用水设备、生活习惯有关，城镇与农村也存在较大差别。

四、提交成果

提供工业需水量计算值、灌溉用水量计算值、生态需水量计算值以及居民生活用水量计算值以服务灌溉工程、城镇供水工程、跨流域调水工程以及综合利用水库工程等，协调用水，解决供需矛盾。

五、注意事项

（1）多用途水库等其他蓄水工程的综合用水过程不能简单相加，需要根据兴利部门用水是否能够相互结合进行综合需水过程计算。

（2）进行植被型生态环境需水量计算时，如果有多种绿化植物，可以仿照农作物灌溉需水量计算的方法详细计算。

六、思考题

（1）简述我国工业用水的特点。

（2）简述工业用水量的分析计算方法。

（3）为什么要保证生态用水？

第二节 地下水资源评价

一、课程设计目的

地下水资源评价是合理开发和利用地下水的先决条件，可以为地下水资源的合理开发

利用和保护等提供依据。通过课程设计，掌握地下水资源评价的原则并选用合适方法正确计算地下水可开采量。

二、课程设计（知识）基础

本节内容与大学本科学生所学的《水文地质学基础》和《地下水动力学》相衔接，主要介绍了地下水资源的特点及分类，地下水资源评价的原则、方法和步骤，并着重介绍了几种常用的地下水可开采量的计算方法。其中数值法需要有专门的基础学习。

三、课程设计方法步骤

（一）地下水资源的特点及分类

1. 地下水资源的特点

与地表水资源的相同点：可恢复性、时空变化性、有限性、相互转换性、不可取代性。

特有的优点：广泛性、自调节性、质优性、系统性（含水系统和流动系统）。

2. 地下水资源的分类

我国目前普遍使用的分类方法是将地下水资源量分为补给量、储存量和可开采量。

补给量：天然条件或开采条件下，单位时间从各种途径进入含水层的水量，常用单位为 m^3/d 或者万 m^3/a。

储存量：储存于含水层内的重力水体积，常用单位为 m^3。

可开采量：又称地下水允许开采量，是指在水源地设计的开采期内，以合理的技术经济开采方案，在不引起开采条件恶化和环境地质问题的前提下，单位时间内，可以从含水层中取出的水量，常用单位为 m^3/d 或者万 m^3/a。一般评价的地下水资源量即为可开采量。

（二）地下水资源评价的原则、方法和步骤

1. 地下水资源评价的原则

一般说来，地下水资源评价工作应包括两个方面：首先，根据需水要求和水文地质条件拟定开采方案，按照可采方案计算可开采量；其次，计算开采条件下的补给量、可以用来调节的储存量以及可能减少的消耗量，并以此来评价开采量的稳定性。要注意以下几点：

（1）局部水源地评价应以区域地下水资源评价为前提。局部水源地是区域水文地质条件的组成部分。

（2）地下水资源评价应建立在地下水资源随时间变化的基础上。地下水补给量、消耗量以及储存量均随时间而变化。

（3）地下水资源评价应以当地总水资源的分析为基础。流域内的地下水是流域内总水资源的一个组成部分。

2. 地下水资源评价方法

地下水资源评价方法见表 8－2。

表 8-2　　地下水资源评价方法分类表（据房佩贤等，1996）

评价方法	主要方法名称	所需资料数据	适用条件
以渗流理论为基础的方法	解析法	渗流运动参数和给定边界条件、初始条件、一个水文年以上的水位、流量动态观测或者一段时间抽水流场资料	含水层均质程度较高，边界条件简单，可概化为已有计算公式要求模式
	数值法（有限差、有限元、边界元等），电模拟法		含水层非均质，但内部结构清楚，边界条件复杂，但能查清，对评价要求较高，面积较大
	泉水流量衰减法	泉动态和抽水资料	泉域水资源评价
以观测资料统计理论为基础的方法	水力消减法	需抽水试验或开采过程中的动态观测资料	岸边取水
	系统理论法（黑箱法），相关外推法，$Q-s$ 曲线外推法，开采抽水试验法		不受含水层结构及复杂边界条件的限制，适于旧水源地或泉水扩大开采评价
以水均衡理论为基础的方法	水均衡法，单项补给量计算法，综合补给量计算法，地下径流模数法，开采模数法	需测定均衡区各项水均衡要素	最好为封闭的单一隔水边界，补给项或消耗项单一，水均衡要素易于测定
以相似比理论为基础的方法	直接比拟法（水量比拟法），间接比拟法（水文地质参数比拟法）	需类似水源地的勘探或开采统计资料	已有水源地和勘探水源地地质条件和水资源形成条件相似

选择评价方法时，在水文地质条件方面主要应考虑：①水文地质单元的基本特征；②含水层、隔水层的性质及埋藏条件，水文地质参数在平面和剖面上的变化规律；③地下水的类型及形成地下水开采量的主要来源；④有无地表水体存在，以及开采条件下的可能变化；⑤地下水水质的变化规律；⑥地下水开发利用情况及对评价精度的要求。

地下水资源评价一般应按以下步骤进行：

（1）根据需水单位的要求，明确用户在一定时间内的需水量。另外水质的要求也不能忽略，尤其是某些特殊的用水部门（如医院、居民区等）对水质的要求更应慎重考虑。

（2）广泛收集和整理现有资料，包括各种水文地质参数、含水层的空间展布情况、边界条件、地表水和地下水开发利用现状及地下水动态资料等，在此基础上建立初步的水文地质概念模型。

（3）根据不同的概念模型，选择合适的评价方法，并确定该方法需要哪些资料，在以后的野外勘察中可以有针对性地开展工作，这就避免了评价的盲目性。

（4）进行野外工作，查明水文地质条件。这是地下水资源评价的基础，任何脱离实际水文地质条件的评价方法都是没有意义的。

（5）根据查明的水文地质条件，进一步修正水文地质概念模型，并在此基础上建立数学模型。

（6）确定具体的计算方法。计算方法应根据水文地质条件、勘察结果和资料的完备程度确定，最好是同时使用几种适合当地水文地质条件的计算方法并进行比较。

(7) 地下水资源评价不是一次计算就能得到满意结果的，必须对每次计算的成果进行分析，逐次调整，直至取得满意成果为止。

(8) 对每个供水方案进行计算和比较，选择最佳方案，提交地下水资源评价最终成果。

3. 数值法评价地下水资源量

(1) 概述。一般情况下，研究区的形状是不规则的，含水层岩性是非均质各向异性的，数学模型复杂，所以不容易求出解析解。而用数值方法可以求得近似解，在某种程度上，突显了数值法的重要性。数值法是根据研究区的水文、水文地质、开采、补给等条件，按照一定的精度要求，对研究区进行网格划分利用计算机求解偏微分方程，计算出将定地点某些时刻的地下水动态要素的数值。虽然数值法不能求得研究区域内任意地点任意时间的精确解，只能求出有限个点特定时刻的近似解，但只要研究区的剖分足够细致，就能满足精度要求。尤其是在计算机技术高速发展的今天，即使离散的程度很高，也不会增加太多的时间，所以数值法逐渐成为地下水资源评价的最主要方法。

在地下水资源评价中常用的数值法有有限差分法、有限单元法、边界元法。其中前两种比较常用，计算方法也比较成熟。

(2) 数值法的应用步骤。

1) 建立水文地质概念模型。研究和掌握计算区域的地质和水文地质条件，合理进行水文地质条件的概化，建立合理的水文地质概念模型，是运用数值法的基础和关键。建立水文地质概念模型时，要查清含水层介质条件、水动力条件以及边界条件。通过对这三个主要方面的研究，即可确定研究区的水文地质概念模型，这是数值法的基础。

2) 建立相应的数学模型。地下水数学模型，就是刻画实际地下水流在数量、空间和时间上的一组数学关系式。它具有复制和再现实际地下水流运动状态的能力。实际上，数学模型是把水文地质概念模型数学化。描述地下水流数学模型的种类很多，如用偏微分方程及其定解条件构成的数学模型，定解条件包括初始条件和边界条件。

如对一地下水资源评价区，概化后的水文地质概念模型为：①均质各向同性潜水含水层；②水流为平面非稳定流，服从达西定律；③有垂向补给；④有开采，开采强度为 Q_v；⑤初始水头分布为 $H_0(x, y)$；⑥为全-类边界条件 Γ_1。

相应的数学模型如下：

$$\frac{\partial}{\partial x}\left[K(H-B)\frac{\partial H}{\partial x}\right]+\frac{\partial}{\partial y}\left[K(H-B)\frac{\partial H}{\partial y}\right]+Q_e-Q_v=\mu\frac{\partial H}{\partial t};(x,y)\in D \quad (8-18)$$

$$H_{(x,y,t)}\big|_{t=0}=H_{0(x,y)};(x,y)\in D \quad (8-19)$$

$$H_{(x,y,t)}\big|_{\Gamma_1}=H_{1(x,y,t)};(x,y)\in\Gamma_1,t>0 \quad (8-20)$$

式中：H 为潜水水位，m；B 为隔水底板高程，m；μ 为给水度；K 为渗透系数，m/d；Q_e 为垂向补给强度，m/d；Q_v 为开采强度，m/d；H_0 为初始水位，m；H_1 为计算区已知水头边界，m；Γ_1 为一类水头边界；D 为计算区范围；x、y 为平面直角坐标；t 为时间，d。

数学模型比较复杂，可借助计算机求解。

3) 模型的校正和验证。根据上述要求建立的数学模型雏形是否符合实际的水文地质条件，能否真实地反映实际流场的特点，还要根据地下水水位动态资料来检验模型是否正确，如果不符，则需进行适当的修正，以获得符合实际的模型。根据地下水水位动态观测资料，来反求水文地质参数或确定边界条件，有直接法和间接法，目前一般多用间接法，即试算法。

试算法就是根据所建立的数学模型，通过运行模型，输出各观测孔的水位随时间的变化过程，把计算所得的水位和实际观测水位进行对比，看误差是否在允许范围内。如果不能满足精度要求，则要修改水文地质参数值或边界条件等，再进行模拟计算，如此反复调试，直到拟合误差小于某一给定标准为止，此时模型中用到的参数和边界条件即认为是符合实际的。

经过校正的模型还要用不同于校正时段的资料对该数学模型进行验证。如果验证的结果也满足精度要求，则认为该模型可以应用到实际地区，可用来进行水位的预测。

4）进行水位预报和资源评价。经过校正和验证了的数学模型还只能说是符合勘探试验阶段实际情况的模型，用来进行开采动态预报时，还应当考虑开采条件下可能的变化。含水层介质的水文地质参数一般变化不大，但边界条件和地下水的补给、排泄条件还可能发生一定的变化。因此，只有在边界条件和补给、排泄条件不随气候、水文条件而变化，或其变化规律可以较准确地确定时，数值法的结果才是较精确的。在其他条件下，做短期预报较精确，做长期预报时则依赖于气候、水文因素的预报精度。

（3）常用的数值模型软件。常用的数值模型软件有 Visual MODFLOW、GMS、FEFLOW 等。

4. 水均衡法

水均衡法也称水量平衡法，是全面研究某一地区（均衡区）在一定时间段（均衡期）内地下水的补给量、储存量和消耗量之间的数量转化关系，通过平衡计算，评价地下水的可开采量。它根据物质守恒定律和物质转化原理分析地下水循环过程，计算地下水量。

水量均衡是一个基本原理，是地下水资源评价的基础，也是任何评价方法都必须遵守的指导思想。一般说来，水均衡法是其他评价方法的佐证。

（1）水均衡法的基本原理。对一个均衡区来说，在补给和消耗的动态变化过程中，任一时间段 Δt 内的补给量和排泄量之差，恒等于该均衡区内水量的变化量。据此可建立水均衡方程式：

$$Q_{补}-Q_{消}=\pm\mu F\frac{\Delta h}{\Delta t}(\text{潜水}) \tag{8-21}$$

$$Q_{补}-Q_{消}=\pm\mu\times F\frac{\Delta H}{\Delta t}(\text{承压水}) \tag{8-22}$$

$$Q_{补}=Q_{雨渗}+Q_{河渗}+Q_{渠渗}+Q_{田渗}+Q_{越入}+Q_{侧入}+Q_{人补}+\cdots \tag{8-23}$$

$$Q_{消}=Q_{蒸发}+Q_{溢出}+Q_{越出}+Q_{侧出}+Q_{开采}+\cdots \tag{8-24}$$

（2）水均衡法的应用步骤。

1）划分均衡区，确定均衡期，建立均衡方程。

2）测定每个均衡区的各项均衡要素值。

3）计算与评价。

(3) 水均衡法的特点及适用条件。水量均衡法的原理简明，计算公式简单，适用性强。

在地下水的补排条件较简单、水均衡要素容易确定、开采后变化不大的地区，用该法评价地下水资源效果较好。但有时计算项目较多，有些均衡要素难于准确测定，或者要花费较大的勘探试验工作量，特别是对开采条件下各项要素的变化及边界条件的确定比较困难。所以，有时甚至只能得出一个粗略的量，但在一定条件下仍能取得较满意的结果。

对其他方法求出的可开采量的保证程度，一般可用水量均衡法来佐证。

5. 地下水文分析法

地下水文分析法是仿照水文学原理，通过测流的方法来计算某一地下水系统在一定时间内（常取一个水文年）的流量。由于地下水流场比地表水复杂得多，直接测流往往很困难（有时只能用间接测流法），所以地下水文分析法只能适用于一些特定的地区，并且这些地区往往是其他许多方法难于应用的地区。地下水文分析法包括频率分析法、流量过程线分割法、岩溶截流总和法、地下径流模数法和泉水动态分析法等，以频率分析法中的经验频率曲线法为例介绍方法步骤。

将已有资料（补给量、径流量或排泄量）按照大小排列并依次对每一数值进行编号，根据下式计算频率：

$$P=\frac{m}{n+1}\times 100\% \tag{8-25}$$

式中：P 为经验频率；m 为编号；n 为观测数据的总个数。

将算得的频率 P 作为横坐标，以其相应的量值作为纵坐标绘于几率格纸上，得到频率曲线。根据该曲线便可预测不同频率条件下相应的量值（补给量、径流量或排泄量）。

理论频率曲线法：

该方法根据实测资料，按流量均值 Q_p、离差系数 C_v 及偏差系数 C_s 绘制曲线。

$$Q_p=\frac{1}{n}\sum_{i=1}^{n}Q_i \tag{8-26}$$

$$C_v=\sqrt{\sum_{i=1}^{n}\frac{(K_i-1)^2}{(n-1)}} \tag{8-27}$$

$$C_s=(2\sim4)C_v \tag{8-28}$$

式中：$K_i=\frac{Q_i}{Q_p}$为变率；$\sum_{i=1}^{n}Q_i$ 为该系统全部流量的总和；n 为流量的总观测次数（或连续观测的年数）。

根据上式算出 C_v 和 C_s 值后，即可按 P-Ⅲ型曲线的 Φ 值求得不同频率条件下的最大或最小流量。

四、提交成果

提交区域地下水资源量（地下水可开采量）。同时提交各项均衡量，包括地下水补给量、地下水排泄量、地下水储量变化。

五、注意事项

(1) 地下水资源量计算最好采用两种以上方法计算，并对结果进行比较。

(2) 水文地质参数的合理选取是计算结果是否正确的前提，要获取正确的水文地质参数。

六、思考题

(1) 地下水资源量分哪几类?

(2) 什么是地下水允许开采量?

(3) 地下水资源评价的主要方法有哪些?说明各自的适用条件及优缺点。

第三节 水资源总量计算

一、课程设计目的

针对不同区域，选择合适方法计算不同该区域的水资源总量，为区域水资源的合理规划配置提供重要基础数据。

二、课程设计（知识）基础

掌握地表水资源和地下水资源评价方法基础上，理解地表水和地下水交换量的过程，计算水资源总量。水资源总量包括多年平均水资源总量、不同频率水资源总量。

三、课程设计方法步骤

区域水资源总量是指当地降水形成的地表和地下水的产水量。现行的水资源评价，只考虑与工程措施有关的地表水和地下水，用河川径流量与地下水量之和扣除重复水量后作为区域水资源总量，采用式（8-29）计算：

$$W=R+Q-D \tag{8-29}$$

式中：W 为水资源总量；R 为地表水资源量；Q 为地下水资源量；D 为地表水和地下水相互转化的重复计算量。

在不同地区，水资源总量计算略有差异。

1. 单一平原区

对单一平原区，水资源总量采用式（8-30）计算：

$$W=R_p+Q_p-(Q_s+Q_k+R_{gp}) \tag{8-30}$$

式中：W 为水资源总量；R_p 为平原区河川径流量；Q_p 为平原区地下水资源量；Q_s 为平原区地表水体渗漏补给地下水的量；Q_k 为地下水侧渗流入补给量；R_{gp} 为平原区降水形成的河川基流量。

2. 单一山丘区

对单一山丘区，水资源总量采用式（8-31）计算：

$$W=R_m+Q_m-R_{gm} \tag{8-31}$$

式中：R_m 为山丘区河川径流量；Q_m 为山丘区地下水资源量；R_{gm} 为山丘区河川基流量。

对于基流量占地下水资源量比重比较大的地区，可以以河川基流量近似作为地下水资源量，以河川多年平均径流量作为山丘区水资源总量。

3. 多种地貌类型的混合区（上游山丘、下游平原区的混合区）

对上游山区、下游平原区的混合区域，水资源总量采用式（8－32）计算：

$$W=R+Q-\left[R_{gm}+R_{gp}+Q_s\left(1-\frac{R_{gm}}{R_m}\right)\right] \tag{8-32}$$

式中：W 为混合区水资源总量；R 为全区河川径流量；Q 为全区地下水资源量；R_{gm} 为山丘区河川基流量；R_{gp} 为平原区降水形成的河川基流量；Q_s 为地表水对平原区地下水的补给量；R_m 为山丘区河川径流量。

四、提交成果

提交的成果为区域水资源总量，同时提供区域地表水资源量、地下水资源量以及地表水和地下水交换的量。

五、注意事项

不同保证频率下的水资源总量计算。

水资源总量包含多年平均水资源总量和不同保证频率的水资源总量。利用组成地表、地下水资源的各分项水量及组成水资源总量的分项水量推求区域不同保证率水资源总量时，不能采用相应统一保证频率的各分项水量相加的方法（简称同频率相加法）。同频率相加法推求的水资源总量与相应频率的实际水资源总量往往不等，这是因为整个研究区内，水资源的总量不可能同时出现同一频率的偏丰、偏枯状况，这存在整体概率与部分概率的组合问题。设计区域不同频率水资源总量计算的正确途径是按地貌类型区，采用相应的水资源总量计算公式，依据区域内逐年的各分项水量，先求出逐年的水资源总量，然后对水资源总量系列进行频率分析，推求多年平均和不同保证率的水资源总量。

六、思考题

（1）试从区域水循环角度解释水资源总量的概念。

（2）不同地貌类型地区的水资源总量计算有何区别？

（3）在水资源总量计算中为什么要进行水量平衡分析？

第九章

水文统计学课程设计

第一节　P－Ⅲ型分布参数估计试验

一、课程设计目的

水文频率计算的目的是要确定相应于给定设计频率 p 的设计值 x_p。为了推求设计值 x_p，通常必须解决好两个基本问题：①必须确定水文变量的概率分布模型，这在水文统计中称为线型选择；②估计所选线型中的未知参数，这在水文统计中称为参数估计。

在实际水文工作中，目前大多根据实测经验点据和频率曲线拟合的好坏选择线型。由于实际应用中评判拟合优劣的标准各异，所得结论往相差较大。此外，该方法是根据有限观测资料对于点和线拟合好坏做出判断，而对于水文频率计算中关心的稀疏水文事件点据和线拟合优劣则难于做出判断，因此，该方法还是经验性的。

一般说，选配线型应根据下列两条原则：①概率密度曲线的形状应大致符合水文现象的物理性质，曲线一端或两端应有限，不应出现负值；②概率密度函数的数学性质简单，计算方便，同时应有一定弹性，以便有广泛的适应性，但又不宜包含过多的参数。

在国内外众多水文统计学家长期研究工作的基础上，并结合我国实际水文条件，1980年以来我国制定的不同版本的水利水电工程水文计算或设计洪水计算规范中都规定采用P－Ⅲ型分布。不过，规范中也指出，当经验点据与频率曲线拟合不好时，经过论证可采用其他线型。

每一种概率分布中都包含若干参数，如正态分布中包含两个参数，P－Ⅲ型分布包含三个参数。选定了线型之后，还必须确定其中的参数，才能进行频率计算。但这些参数同样是无法根据水文现象的物理机制确定的，必须利用实测资料加以估计，这就需要研究估计方法。

二、课程设计（知识）基础

P－Ⅲ型分布的概率密度函数如下：

$$f(x)=\frac{\beta^{\alpha}}{\Gamma(\alpha)}(x-a_0)^{\alpha-1}e^{-\beta(x-a_0)},\alpha>0,x>a_0 \tag{9-1}$$

需要进行估计的参数包括：α，β，α_0。其中，P-Ⅲ型分布的数字特征（如均值、方差、离势系数、偏态系数）的计算公式如下：

$$E(X)=\frac{\alpha}{\beta}+a_0 \tag{9-2}$$

$$D(X)=\sigma^2=\frac{\alpha}{\beta^2} \tag{9-3}$$

$$C_v=\frac{\sqrt{\alpha}}{\alpha+\beta a_0} \tag{9-4}$$

$$C_s=\frac{2}{\sqrt{\alpha}} \tag{9-5}$$

三、课程设计方法步骤

（1）根据水文数据样本，计算样本序列的数字特征，如均值 E、方差 D、离势系数 C_v、偏态系数 C_S。

（2）根据P-Ⅲ型分布数字特征和分布参数的关系，进行参数估计。

$$\alpha=\frac{4}{C_s^2} \tag{9-6}$$

$$\beta=\frac{\sqrt{\alpha}}{\sigma}=\frac{2}{E(X)C_vC_s} \tag{9-7}$$

$$a_0=E(X)\left(1-\frac{2C_v}{C_s}\right) \tag{9-8}$$

（3）由于 $\Gamma(\alpha)$ 只在 $\alpha>0$ 时收敛，所以P-Ⅲ型分布只适用于 $\alpha>0$ 的场合。这也可由式（9-6）看出，若 $\alpha<0$，则 C_s 变成虚数，实用上无意义。而 $\alpha=0$ 时，$C_s=\pm\infty$；当 $\alpha\to\infty$ 时，$C_s=0$。由此可知，α 和 C_s 的值域分别是 $0<\alpha<\infty$、$-\infty<C_s<\infty$。$C_s>0$ 时，概率密度曲线为正偏，长尾在右；而 $C_s<0$ 时，概率密度曲线为负偏，长尾在左；$C_s=0$ 时，分布曲线对称。由于水文变量应有有限的下限，所以，一般仅用 $C_s>0$ 的P-Ⅲ型分布。

当 $C_s\geqslant 2$ 时，即 $0<\alpha\leqslant 1$，P-Ⅲ型密度曲线呈乙字形，意指变量在其极小值附近取值机会最大。这不符合水文现象的本质，因为，对于一般的水文变量，特大值和特小值出现的机会都很小，而中间值出现的机会应比较多，即概率密度曲线应成为铃形。因此，一般认为 $C_s>2$ 的P-Ⅲ型分布不宜在水文中应用。

（4）结合水文变量的物理性质，从理论上讲，在水文中应用P-Ⅲ型分布时，其参数还应满足下面两个关系：

1）由于水文变量如年降水量、年径流量和年最大洪峰流量等都不能取负值，因此式（9-8）中的 α_0 应满足：

$$a_0=E(X)\left(1-\frac{2C_v}{C_s}\right)\geqslant 0 \tag{9-9}$$

从而应有 $C_s \geqslant 2C_v$。

2）实测资料中的最小值 $x_{\min}$ 应不小于总体的最小值 a_0，即

$$x_{\min} \geqslant a_0 = E(X)\left(1-\frac{2C_v}{C_s}\right) \tag{9-10}$$

从而应有 $C_s \leqslant \dfrac{2C_v}{1-K_{\min}}$，式中：$K_{\min}=x_{\min}/E(X)$ 为实测最小值的模比系数。

综合式（9－9）和式（9－10），从理论上说，水文学中应用 P－Ⅲ型分布时，参数 C_s、C_v 应满足关系：

$$2C_v \leqslant C_s \leqslant \frac{2C_v}{1-K_{\min}} \tag{9-11}$$

四、成果

获得水文序列 P－Ⅲ型分布参数，利用 P－Ⅲ型概率分布关系，从而可以获得指定设计频率 p 的设计值 x_p。

五、注意事项

要保证进行参数估计的时间序列长度、代表性和观测误差，这些因素都会影响 P－Ⅲ型分布参数估计的精度和可靠性。

六、思考题

（1）为何我国推荐使用 P－Ⅲ线型？

（2）C_s 和 C_v 两个参数对线型有何影响？

（3）所计算出来的 x_p 有何实际意义？

第二节　水文时间序列相关关系试验

一、课程设计目的

分析水文时间序列之间的相关关系，从而可以识别水文序列间的内在机理，进行水文时间序列的模拟、预测。

二、课程设计（知识）基础

设有自变量 x 的一组观测值 x_1，x_2，…，x_n，及与之对应的因变量 Y 的一组观测值 y_1，y_2，…，y_n 这样就得到自变量与因变量的 n 对观测值（x_i，y_i）（$i=1$，2，…，n），将它们点绘在直角坐标中，如果点距大致分布在一条不平行于 x 轴的直线附近，就可猜想，因变量与自变量之间可能存在线性相关关系。

若以 b_0、b_1 表示 β_0、β_1 的估计量，则观测值 y_i 可表示为

$$y_i = b_0 + b_1 x_i + \delta_i, i=1,2,\cdots,n \tag{9-12}$$

式中：δ_i 为以 $b_0+b_1x_i$ 作为 Y 的真值 y_i 的近似值时的误差，通常称为"残差"或"剩余"。

而称方程

$$\hat{y}_i=b_0+b_1x_i,i=1,2,\cdots,n \tag{9-13}$$

为因变量 Y 依自变量 x 的经验回归方程，b_0、b_1 为经验回归系数。由于 i 的任意性，通常省略不写，因此回归方程式（9－13）可写成：

$$\hat{y}=b_0+b_1x \tag{9-14}$$

称之为经验回归直线。

怎样选择 b_0、b_1 才能使这种估计达到最好呢？理论回归直线是随机变量 Y 关于自变量 x 的条件期望值的轨迹，根据方差的定义及方差的最小性质可知，随机变量 Y 对理论回归直线上的$\overline{y}_x$ 的离差平方和应该是最小的。因此，当用式（9－13）中$\overline{y}_i$ 估计 Y 的实测值$\overline{y}_i$ 时，自然也应要求观测值对经验回归直线的离差的平方和达到最小。即应使：

$$Q=\sum_{i=1}^{n}\delta_i^2=\sum_{i=1}^{n}(y_i-\hat{y}_i)^2=\sum_{i=1}^{n}(y_i-b_0-b_1x_i)^2=\min \tag{9-15}$$

这一原则称为最小二乘原理。根据这一原理求得的 b_0 及 b_1 称为 β_0 与 β_1 的最小二乘估计量。下面来推求 b_0、b_1 的计算公式。

在式（9－15）中，x_i 和 $y_i(i=1,2,\cdots,n)$ 都是已知的观测值，而 b_0 与 b_1 是未知量，根据高等数学中求极值的原理可知，使 Q 达到极小的 b_0、b_1 可由下列方程组解出：

$$\begin{cases}\dfrac{\partial Q}{\partial b_0}=\dfrac{\partial\sum\limits_{i=1}^{n}(y_i-b_0-b_1x_i)^2}{\partial b_0}=-2\sum\limits_{i=1}^{n}(y_i-b_0-b_1x_i)=0\\[2ex]\dfrac{\partial Q}{\partial b_1}=\dfrac{\partial\sum\limits_{i=1}^{n}(y_i-b_0-b_1x_i)^2}{\partial b_1}=-2\sum\limits_{i=1}^{n}(y_i-b_0-b_1x_i)x_i=0\end{cases}$$

或

$$\begin{cases}\sum\limits_{i=1}^{n}(y_i-b_0-b_1x_i)=0\\[2ex]\sum\limits_{i=1}^{n}(y_i-b_0-b_1x_i)x_i=0\end{cases} \tag{9-16}$$

上述方程组称为正规方程组。

因为

$$\sum_{i=1}^{n}(y_i-b_0-b_1x_i)=\sum_{i=1}^{n}y_i-nb_0-b_1\sum_{i=1}^{n}x_i=n\overline{y}-nb_0-nb_1\overline{x}$$

$$\begin{aligned}\sum_{i=1}^{n}(y_i-b_0-b_1x_i)x_i&=\sum_{i=1}^{n}x_iy_i-b_0\sum_{i=1}^{n}x_i-b_1\sum_{i=1}^{n}x_i^2\\&=\sum_{i=1}^{n}x_iy_i-nb_0\overline{x}-b_1\sum_{i=1}^{n}x_i^2\end{aligned}$$

其中

$$\overline{x}=\frac{1}{n}\sum_{i=1}^{n}x_i,\overline{y}=\frac{1}{n}\sum_{i=1}^{n}y_i$$

所以正规方程组（9-16）可写为

$$\begin{cases}\overline{y}-b_0-b_1\overline{x}=0\\\sum_{i=1}^{n}x_iy_i-nb_0\overline{x}-b_1\sum_{i=1}^{n}x_i^2=0\end{cases}\tag{9-17}$$

由方程组（9-17）第一式可知：

$$b_0=\overline{y}-b_1\overline{x}\tag{9-18}$$

将式（9-18）代入方程组（9-17）中第二式解得：

$$b_1=\frac{\sum_{i=1}^{n}x_iy_i-n\overline{x}\ \overline{y}}{\sum_{i=1}^{n}x_i^2-n\overline{x}^2}\tag{9-19}$$

将式（9-18）代入式（9-14），可得回归直线的另一形式：

$$\hat{y}-\overline{y}=b_1(x-\overline{x})\tag{9-20}$$

式（9-20）表明在相关图上，回归直线的斜率为 b_1，且通过散点重心（$\overline{x}$，$\overline{y}$）。

由于：

$$\begin{aligned}\sum_{i=1}^{n}x_iy_i-n\overline{x}\ \overline{y}&=\sum_{i=1}^{n}x_iy_i-n\overline{x}\ \overline{y}-n\overline{x}\ \overline{y}+n\overline{x}\ \overline{y}\\&=\sum_{i=1}^{n}x_iy_i-\overline{y}\sum_{i=1}^{n}x_i-\overline{x}\sum_{i=1}^{n}y_i+\sum_{i=1}^{n}\overline{x}\ \overline{y}\\&=\sum_{i=1}^{n}(x_iy_i-\overline{y}x_i-\overline{x}y_i+\overline{x}\ \overline{y})\\&=\sum_{i=1}^{n}[x_i(y_i-\overline{y})-\overline{x}(y_i-\overline{y})]\\&=\sum_{i=1}^{n}(x_i-\overline{x})(y_i-\overline{y})\end{aligned}$$

$$\begin{aligned}\sum_{i=1}^{n}x_i^2-n\overline{x}^2&=\sum_{i=1}^{n}x_i^2-2n\overline{x}^2+n\overline{x}^2\\&=\sum_{i=1}^{n}x_i^2-2\overline{x}\sum_{i=1}^{n}x_i^2+\sum_{i=1}^{n}\overline{x}^2\\&=\sum_{i=1}^{n}(x_i^2-2\overline{x}x_i+\overline{x}^2)=\sum_{i=1}^{n}(x_i-\overline{x})^2\end{aligned}$$

若记：

$$S_{x,x}=\sum_{i=1}^{n}(x_i-\overline{x})^2=\sum_{i=1}^{n}x_i^2-n\overline{x}^2\tag{9-21}$$

$$S_{y,y}=\sum_{i=1}^{n}(y_i-\overline{y})^2=\sum_{i=1}^{n}y_i^2-n\overline{y}^2\tag{9-22}$$

$$S_{x,y}=\sum_{i=1}^{n}(x_i-\overline{x})(y_i-\overline{y})=\sum_{i=1}^{n}x_iy_i-n\overline{x}\ \overline{y}\tag{9-23}$$

则 b_1 的计算公式为

$$b_1=\frac{S_{x,y}}{S_{x,x}} \tag{9-24}$$

其中 $S_{y,y}$ 在计算 b_0、b_1 时并不需要，是为后面的分析作准备的。

至此，只要有 x 与 y 的对应观测资料（x_i，y_i）（$i=1,2,\cdots,n$），即可由式（9-19）或式（9-24）求得 b_1，再由式（9-18）求得 b_0，从而得到样本回归直线方程式（9-13）。

事实上，式（9-19）又可改写为

$$\begin{aligned} b_1 &= \frac{\sum_{i=1}^{n}(x_i-\overline{x})(y_i-\overline{y})}{\sum_{i=1}^{n}(x_i-\overline{x})^2} \\ &= \frac{\sum_{i=1}^{n}(x_i-\overline{x})(y_i-\overline{y})}{\sqrt{\sum_{i=1}^{n}(x_i-\overline{x})^2}\sqrt{\sum_{i=1}^{n}(y_i-\overline{y})^2}}\frac{\sqrt{\sum_{i=1}^{n}(y_i-\overline{y})^2}}{\sqrt{\sum_{i=1}^{n}(x_i-\overline{x})^2}} \\ &= \frac{\sum_{i=1}^{n}(x_i-\overline{x})(y_i-\overline{y})}{\sqrt{\sum_{i=1}^{n}(x_i-\overline{x})^2}\sqrt{\sum_{i=1}^{n}(y_i-\overline{y})}}\frac{\sqrt{\frac{1}{n}\sum_{i=1}^{n}(y_i-\overline{y})^2}}{\sqrt{\frac{1}{n}\sum_{i=1}^{n}(x_i-\overline{x})^2}} \\ &= r\frac{S_y}{S_x} \end{aligned} \tag{9-25}$$

其中

$$r=\frac{\sum_{i=1}^{n}(x_i-\overline{x})(y_i-\overline{y})}{\sqrt{\sum_{i=1}^{n}(x_i-\overline{x})^2}\sqrt{\sum_{i=1}^{n}(y_i-\overline{y})}} \tag{9-26}$$

为变量 x 与 y 的样本相关系数。即

$$S_y=\sqrt{\frac{1}{n}\sum_{i=1}^{n}(y_i-\overline{y}^2)}=\sqrt{\frac{1}{n}S_{y,y}} \tag{9-27}$$

为 y 系列的均方差。即

$$S_x=\sqrt{\frac{1}{n}\sum_{i=1}^{n}(x_i-\overline{x}^2)}=\sqrt{\frac{1}{n}S_{x,x}} \tag{9-28}$$

为 x 系列的均方差。

将式（9-25）代入式（9-18）得：

$$b_0=\overline{y}-r\frac{S_y}{S_x}\overline{x} \tag{9-29}$$

三、课程设计步骤

以下通过案例介绍水文时间序列相关关系分析实验。现有某地区两处雨量观测站（A、B）的年降水量同步观测系列，见表 9-1。假设 A 站缺测 1996—1999 年 4 年的年降水量，要求建立两站年降水量的回归方程。

表 9-1　A、B 两站雨量观测序列　　单位：mm

年份	A 站年降水量	B 站年降水量	年份	A 站年降水量	B 站年降水量
1977	558.2	524.9	1989	871.5	796.5
1978	730.7	624.8	1990	578.1	503.9
1979	885.8	843.5	1991	571.2	475.1
1980	756.4	852.5	1992	788.1	675.0
1981	572.5	595.1	1993	773.7	660.4
1982	841.2	858.9	1994	631.3	619.7
1983	895.6	770.9	1995	531.5	507.6
1984	1019.9	870.9	1996	974.5	(900.9)
1985	740.9	616.6	1997	439.2	(380.9)
1986	569.2	442.7	1998	735.2	(714.3)
1987	820.6	742.1	1999	630.4	(618.1)
1988	728.7	699.2			

（1）选择 1977—1995 年两站同步观测资料进行分析计算。设 A 站年降水量系列为 x_i，B 站年降水量系列为 y_i。点绘两站年降水量的散点图，若两变量的关系在图上呈直线趋势，故决定建立 y 对 x 的回归直线方程。

（2）回归系数的计算。

表 9-2　x，y 回归系数的计算列表

年份	x_i	y_i	x_i^2	y_i^2	x_iy_i
1977	558.2	524.9	311587.2	275520.0	292999.2
1978	730.7	624.8	533922.5	390375.0	456541.4
1979	885.8	843.5	784641.6	711492.3	747172.3
1980	756.4	852.5	572141.0	726756.3	644831.0
1981	572.5	595.1	327756.3	354144.0	340694.8
1982	841.2	858.9	707617.4	737709.2	722506.7
1983	895.6	770.9	802099.4	594286.8	690418.0
1984	1019.9	870.9	1040196.0	758466.8	888230.9
1985	740.9	616.6	548932.8	380195.6	456838.9

续表

年份	x_i	y_i	x_i^2	y_i^2	x_iy_i
1986	569.2	442.7	323988.6	195983.3	251984.8
1987	820.6	742.1	673384.4	550712.4	608967.3
1988	728.7	699.2	531003.7	488880.6	509507.0
1989	871.5	796.5	759512.3	634412.3	694149.8
1990	578.1	503.9	334199.6	253915.2	291304.6
1991	571.2	475.1	326269.4	225720.0	271377.1
1992	788.1	675.0	621101.6	455625.0	531967.5
1993	773.7	660.4	598611.7	436128.2	510951.5
1994	631.3	619.7	398539.7	384028.1	391216.6
1995	531.5	507.6	282492.3	257657.8	269789.4
总和	13865.1	12680.3	10477997.4	8812008.8	9571448.8
平均	729.7	667.4	551473.5	463789.9	503760.5

由表 9-2 得：

$$S_{x,x}=10477997.4-\frac{13865.1^2}{19}=360050.1$$

$$S_{y,y}=8812008.8-\frac{12680.3^2}{19}=349376.8$$

$$S_{x,y}=9571448.8-13865.1\times\frac{12680.3}{19}=318099.9$$

由式（9-24）及式（9-18）得：

$$b_1=\frac{S_{x,y}}{S_{x,x}}=\frac{318099.9}{360050.1}=0.88$$

$$b_0=\overline{y}-b_1\overline{x}=667.4-0.88\times729.7=25.3$$

因此，所配直线回归方程为

$$\hat{y}=25.3+0.88x$$

四、成果

获得两组水文时间序列的线性相关回归公式，定量刻画两组时间序列的相关关系，从而进行水文序列的模拟和预测分析。

五、注意事项

重视水文时间序列的物理关系，合理设置相关分析的因变量和自变量。同时，只有当两变量的关系在图上呈直线趋势，才可以建立 y 对 x 的回归直线方程。

六、思考题

（1）如何定量评价所建立回归方程的可信度？

（2）拟合效果好的情况下，是否意味着两变量具有因果关系？

（3）是否所有数据都可以进行回归分析？

第三节 适线法估计参数优化试验

一、课程设计目的

由于水文系列长度短，且所需推求的是稀遇的设计值等原因，数理统计中传统估计方法的估计结果并不理想。因此，长期以来，国内外水文学者一直致力于研究符合水文特点的参数估计方法。目前这方面估计方法主要有适线法、权函数法、熵估计法、概率权重矩法（PWM）和线性矩法（LM）等。适线法在我国设计洪水规范中已被规定为水文随机变量的参数估计方法，得到广泛应用。

适线法早在20世纪50年代初就已较多地应用于水文计算中，目前的适线法比传统适线法有一些改进。本次实验介绍适线法的基本原理和步骤及注意事项。

二、课程设计（知识）基础

对于一个实测系列的适线法，其可分以下三步：

（1）点绘经验频率点据。在概率格纸上绘制点据（x_m^*，p_m），x_m^* 为来自总体 X 的一组观测值 x_1，x_2，…，x_n，由大到小排列的第 m 位的数据。p_m 从理论上讲应该是 $p_m=p(X\geqslant x_m^*)$。但由于总体 X 分布密度中参数未知，因此 $p(X\geqslant x_m^*)$ 实际上是未知数，要画出（x_m^*，P_m）点据，显然必须对 p_m 做出估计。最简单的就是 $p_m^*=p(X_{ne}\geqslant x_m^*)=m/n$。因此，也把 p_m 称为样本频率或经验频率。不过 p_m 还有其他更好估计方法，常用的是期望值公式 $p_m=m/(n+1)$，这些点据点绘在概率格纸上。

（2）绘制理论频率曲线。假定 X 分布符合某一总体概率模型（如使用P-Ⅲ），用某种估计方法（通常用矩法）估计分布密度中的未知参数，有了分布参数可用频率计算方法求出在这种参数下 x_p-p 关系，从而可以绘制理论频率曲线，与第（1）步中经验频率点据绘在同一张概率格纸上。

（3）检查拟合情况。如果点线拟合得好，所给参数即为适线法估计结果，如点线拟合不好，则需调整参数。重绘理论频率曲线直到点线拟合好为止，最终参数即为适线法估计结果。

三、课程设计方法步骤

以下通过一个案例说明适线法估计P-Ⅲ型分布参数的具体步骤。表9-3为某水文站年平均流量资料，假定总体服从P-Ⅲ型分布，试用适线法估计参数 $E(X)$、C_v、C_s。

（1）将表9-3中的流量按从大到小顺序列于表9-4中第②栏。

（2）计算表9-4中第③至第⑦各栏数值。

（3）将表9-4中的经验点据（p_m，x_m^*）点在几率格纸上。

（4）参数的初值由矩法公式计算，由表 9-3 得：

$$E(X)=\frac{1}{n}\sum_{i=1}^{n}x_i=\frac{1}{31}\times 26447=853.1$$

$$C_v=\sqrt{\frac{1}{n-1}\sum_{i=1}^{n}(K_i-1)^2}=\sqrt{\frac{1}{30}\times 13.0957}=0.66$$

$$C_s=\frac{\sum_{i=1}^{n}(K_i-1)^2}{(n-3)C_v^3}=\frac{8.9100}{28\times 0.66^3}=1.09$$

表 9-3　　某水文站流量观测序列

年份	流量 /(m³/s)	年份	流量 /(m³/s)	年份	流量 /(m³/s)	年份	流量 /(m³/s)
1976	1676.0	1984	614.0	1992	343.0	2000	1029.0
1977	601.0	1985	490.0	1993	413.0	2001	1463.0
1978	562.0	1986	990.0	1994	493.0	2002	540.0
1979	697.0	1987	597.0	1995	372.0	2003	1077.0
1980	407.0	1988	214.0	1996	214.0	2004	571.0
1981	2259.0	1989	196.0	1997	1117.0	2005	1995.0
1982	402.0	1990	929.0	1998	761.0	2006	1840.0
1983	777.0	1991	1828.0	1999	980.0		

表 9-4　　适线法估计数据

序号 ①	X_m^* ②	$K_m=x_m^*/\overline{x}$ ③	K_m-1 ④	$(K_m-1)^2$ ⑤	$(K_m-1)^3$ ⑥	$p_m=m/(n+1)/\%$ ⑦
1	2259.0	2.6480	1.6480	2.7159	4.4758	3.125
2	1995.0	2.3385	1.3385	1.7916	2.3980	6.250
3	1840.0	2.1568	1.1568	1.3382	1.5480	9.375
4	1828.0	2.1428	1.1428	1.3059	1.4925	12.500
5	1676.0	1.9646	0.9646	0.9305	0.8975	15.625
6	1463.0	1.7149	0.7149	0.5111	0.3654	18.750
7	1117.0	1.3093	0.3093	0.0957	0.0296	21.875
8	1077.0	1.2625	0.2625	0.0689	0.0181	25.000
9	1029.0	1.2062	0.2062	0.0425	0.0088	28.125
10	990.0	1.1605	0.1605	0.0258	0.0041	31.250
11	980.0	1.1488	0.1488	0.0221	0.0033	34.375
12	929.0	1.0890	0.0890	0.0079	0.0007	37.500
13	777.0	0.9108	−0.0892	0.0080	−0.0007	40.625

续表

序号 ①	X_m^* ②	$K_m=x_m^*/\overline{x}$ ③	K_m-1 ④	$(K_m-1)^2$ ⑤	$(K_m-1)^3$ ⑥	$p_m=m/(n+1)/\%$ ⑦
14	761.0	0.8920	−0.1080	0.0117	−0.0013	43.750
15	697.0	0.8170	−0.1830	0.0335	−0.0061	46.875
16	614.0	0.7197	−0.2803	0.0786	−0.0220	50.000
17	601.0	0.7045	−0.2955	0.0873	−0.0258	53.125
18	597.0	0.6998	−0.3002	0.0901	−0.0271	56.250
19	571.0	0.6693	−0.3307	0.1094	−0.0362	59.375
20	562.0	0.6588	−0.3412	0.1164	−0.0397	62.500
21	540.0	0.6330	−0.3670	0.1347	−0.0494	65.625
22	493.0	0.5779	−0.4221	0.1782	−0.0752	68.750
23	490.0	0.5744	−0.4256	0.1811	−0.0771	71.875
24	413.0	0.4841	−0.5159	0.2662	−0.1373	75.000
25	407.0	0.4771	−0.5229	0.2734	−0.1430	78.125
26	402.0	0.4712	−0.5288	0.2796	−0.1479	81.250
27	372.0	0.4361	−0.5639	0.3180	−0.1793	84.375
28	343.0	0.4021	−0.5979	0.3575	−0.2137	87.500
29	214.0	0.2508	−0.7492	0.5613	−0.4205	90.625
30	214.0	0.2508	−0.7492	0.5613	−0.4205	93.750
31	196.0	0.2298	−0.7702	0.5932	−0.4569	96.875
Σ	26447.0	31.0011	0.0011	13.0957	8.7621	

(5) 在概率格纸横坐标上均匀地选择一些 P，根据矩估计的 $\overline{x}$、C_v 和 C_s，计算理论频率曲线。

(6) 将获得的各点（P，x_p）点绘在概率格纸中，并通过这些点描绘光滑曲线。此曲线即为 $E(X)=853.1$，$C_v=0.66$，$C_s=1.09$ 的 P－Ⅲ型分布超过累积频率的理论曲线。

(7) 观察上述曲线与实测点据吻合的程度，如吻合满意，则该理论频率曲线相应的参数就是要估计的总体的分布参数。

若第一次计算得的理论曲线与实测点吻合不好，归纳起来，这可能主要有5种原因引起：①可能是根据实测资料（样本）由矩法计算出的参数 $\overline{x}$、C_v、C_s 作为总分布参数的估计值有误差；②经验点据的绘点位置不合理，也就是用于计算事件（$X>x_m^*$）的概率公式，又称经验频率公式不符合实际；③可能是所研究的随机变量的概率分布不符合P－Ⅲ型概率模型；④水文数据观测误差较大；⑤样本本身抽样随机性大。

根据我国的研究，由于P－Ⅲ型分布适应性较强，就我国情况而言，可以用P－Ⅲ型分布配合各种水文变量。因此，当用P－Ⅲ型分布研究各种水文变量的概率分布时一般可不考虑模型的适用性回题。而经验频率的期望值公式理论基础较强，为国内外较普遍采用。此外，实测水文数据误差一般不大。因此，计算的曲线与实测点吻合不好可以认为主要是由于参数估计的误差或样本抽样随机性引起的，由于抽样随机性是固有的。所以，可以将参数适当调整，再重复（5）、（6）两步计算，直到吻合满意为止。由于 $\overline{x}$ 估计误差小，一般不作调整，只调整 C_v、C_s 值。本例第一次配线效果不好，通过增加 C_v、C_s 值得到实线。由于频率曲线与点据拟合好，因此适线完毕。

四、成果

通过不断拟合调参，获得 P-Ⅲ型分布的最优拟合参数值，从而能够进行水文频率计算和设计。

五、注意事项

（1）给定总体参数 $E(X)$、C_v、C_s，如何可靠地计算 p 对应的 x_p。

（2）各经验点据的绘点公式，会直接影响结果。

（3）拟合好坏如何确定。拟合好坏标准也有很多种，有的人认为应主要看左端点据的拟合好坏，有的人则认为看理论频率曲线与所有点据拟合的好坏。此外，有人认为应以纵向离差为评价拟合好坏的标准，有人则认为应以横向离差为评价拟合好坏的标准。因不同拟合标准，适线的结果不一样。

六、思考题

（1）应用适线法估计参数的前提?

（2）什么是经验频率公式?

（3）观察不同参数下的结果差异，分析参数敏感性?

第三部分

专 业 实 习

第十章

认 识 实 习

一、实习目的与任务

1. 实习目的

实习的目的在于巩固课堂所学的基本理论，联系实习现场和水利工程的实际，联系该工程的库、坝址位置选择，各种水工建筑物的工程地质评价或已建工程运行中的主要工程地质问题等，加以验证和拓宽，使学生获得感性知识，开阔视野，培养和提高实际工作能力（如观察能力、动手操作能力、识图能力、分析问题与解决问题能力等）；了解野外地质工作的基本方法，掌握一定的操作技能以及训练编写实习报告等。

2. 实习任务

了解实习区水利工程的地质条件及其存在的主要工程地质及水文地质问题，向当地工程技术人员学习：

（1）一般工程地质条件，包括地形地貌、地层岩性、地质构造、地震基本烈度、自然（物理）地质现象、水文地质及天然建筑材料等条件。

（2）存在的主要工程地质问题或水文地质问题及其处理措施。

3. 实习要求

为了保证实习的顺利进行，并取得良好实习效果，对学生特提出以下几项要求。

（1）排除干扰，专心听讲。当指导教师在实习现场（特别在工地上或途经城镇区、公路旁）讲解时，学生要克服过往人多嘈杂、外界干扰大的实际困难，集中精力，用心听讲，明确各地质点的主要观察内容和要求。

（2）做到“五勤”。即勤敲打、勤观察、勤测量、勤记录、勤追索。在各地质点上，按教师的具体要求，应有重点地进行仔细观察与描述，尤其对那些重要的地质现象更应把书本知识与现场实际联系起来，掌握其鉴别特征，并注意收集和积累资料，做好记录。以严肃认真、实事求是的科学态度，对待野外工作。

（3）开动脑筋，积极参加现场讨论。实习开始时，教师在野外可能多讲些，但随着实习不断深入，为了培养学生独立观察与分析能力，教师将逐步少讲或以提出问题的方式，让学生通过自己实际观察分析后回答或组织现场讨论。这样，就给学生提供较多的观察与思考时间。为此，要求学生能抓住主要问题，迈开双脚，寻找证据，开动机器，善于把前后左右与之相关的情况连贯起来思索。在现场讨论中，要敢于发表个人的见解（哪怕是不正确的），把它看成是锻炼和提高自己的好机会。当讨论中争执不下时，可以保留不同观点，但应重事实，重证据，尊重科学。

（4）注意健康，确保安全。实习时要特别注意饮食卫生和天气冷暖，在野外和水利工地上观察时，应注意上方的悬石和过往的车辆。实习期间不准下河、下湖、下库游泳，以确保人身安全。

（5）实习回来应及时整理野外记录。当天的记录当天整理补充。如发现问题，应及时查清或予以改正。记录可随时让教师抽查。野外记录是学生最后编写实习报告的重要依据，其完整程度和充实与否，直接影响到实习报告的编写和报告质量的高低。

（6）实习结束时每人应按时递交一份自编的实习报告。实习报告作为学生实习的业务总结，也是教师评定实习成绩的依据之一。

二、水利工程地质实习

（一）库、坝址位置的选择

库、坝址位置的选择，是水利水电工程建设的一项带决策性的工作。它关系到工程能否多快好省和成败。选择出一个优良的库坝址不仅可以保证工程安全、可靠，而且还可节约投资、缩短工期，获得最佳的经济效益、社会效益与环境效益。

坝址选择的关键是坝段比较和选择最优坝轴线。这里只从地质角度考虑，着重讨论一下坝段比较时需注意研究哪些问题，举例说明坝址、轴线选择的要点。

1. 选择坝段时需注意研究哪些主要工程地质问题

（1）坝段应尽量选择在两岸地形对称、山体宽厚、河谷坡度和宽度适中，有利于水工建筑物布置的峡谷河段。

（2）选择在区域相对稳定的地区。建筑物地基无活动性断层通过，且不处于大的逆断层上盘和难以处理的断层破碎带上。

（3）选择在岩体相对完整、岩性均一、构造简单、透水性较弱，风化层和覆盖层较浅，岩层倾向上游且倾角较陡的河段。特别注意避开顺河断裂和缓倾角软弱夹层及喀斯特洞穴发育的河段，以利于抗滑稳定和防渗。

（4）河谷两岸边坡稳定。避免选在有可能受到大型滑坡、崩塌和泥石流影响的区域，特别注意避开近坝库岸不稳定的河段。

（5）库址应选在有较大库盆而淹没和浸没面积又相对较小的区段。库区不应存在有严重的、难以处理的渗漏地段和水库沿岸的坍塌地带。

（6）在地质构造比较复杂的地区兴建水库，还应注意地震及水库诱发地震的专门调研。

（7）附近有适宜的天然建筑材料，其储量及质量均能满足设计要求。在开采及运输方面，应便于施工。

（8）引水线路（隧洞及大型渠道）的工程地质条件和施工条件较好。

2. 坝址选择（工程实例）

实习时，以实习区的或参观的水利工程坝址为对象，通过前人的资料或请工程技术人员介绍，了解该坝址比较、选择过程和工程地质条件的优劣。这里仅以五强溪水电站工程为例，在坝址比较和选择上，如何考虑工程地质条件予以具体说明。

五强溪水电站，位于湖南省沅水上，最大坝高 85.83m，库容 43.5 亿 m^3。为了选择一个比较好的坝址，在长达 13km 的坝段上，自上而下拟定了辰塘溪、五强溪两个坝址进行过工程地质勘察比较（图 10-1）。

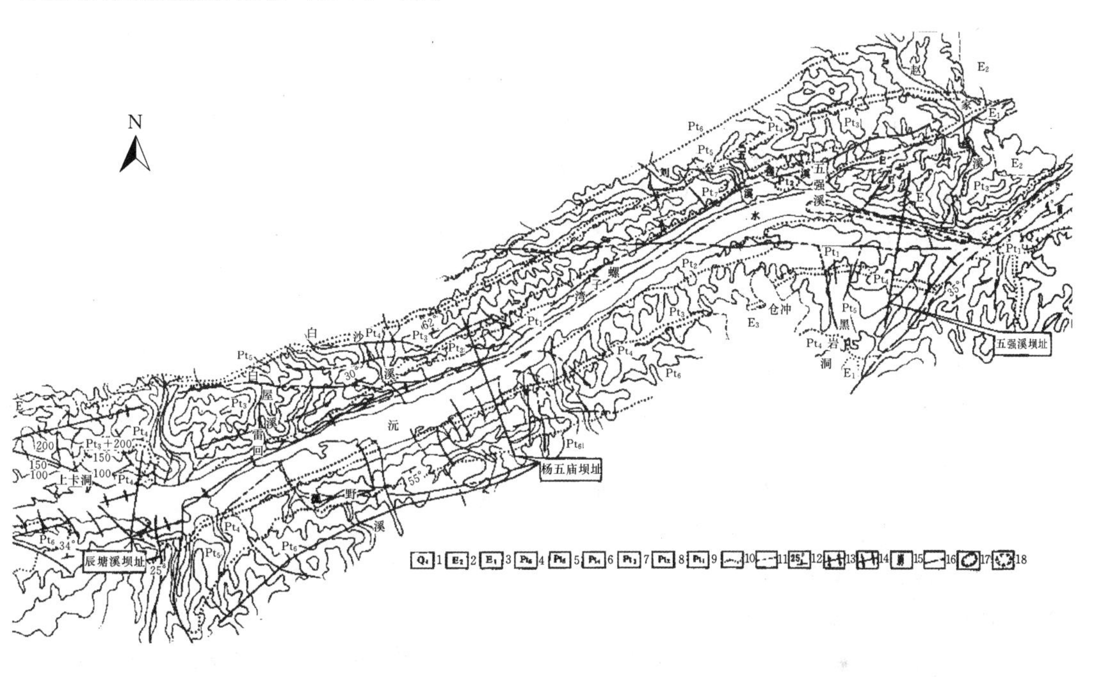

图 10-1　五强溪坝段地质图（据漆富冬）

1—河流冲积层；2—红色砂岩及黏土质页岩；3—紫红色厚层砾岩；4—灰绿色砂岩夹硅质岩；5—紫色砂岩夹薄层石英岩及板岩；6—紫色长石石英砂岩夹少量砂质板岩；7—杂色石英砂岩夹少量板岩；8—灰绿色砂岩夹石英岩及绢云母板岩；9—千枚状板岩灰白色石英岩及砂质板岩；10—岩组分界线；11—第四系与基岩分界线；12—岩层产状；13—背斜轴；14—向斜轴；15—褶皱带；16—断层；17—滑坡；18—河床深槽

坝段内出露的地层岩性为前震旦系板溪群上部五强溪组砂岩和板岩。根据岩层的工程地质条件共划分为 6 个工程岩组。岩石力学强度高，属相对不透水岩层，可作为高坝的基础岩体。但坝段内的地质构造比较复杂，发育一系列走向 NE60°～70°的褶皱和断裂。其中，褶皱有辰塘溪河床向斜和自辰塘溪右岸至杨五庙左岸的五强峡背斜；断层有走向 NE70°长达 8km 的 F817 和峡谷出口处走向 NE40°的 F73。多期构造活动，对岩体的完整性起了一定的破坏作用，导致了工程地质条件的复杂化。

(1) 辰塘溪坝址：辰塘溪坝址位于坝段的最上游，岩石坚硬、致密，但有多层板岩夹层，成为岩体中的软弱结构面。

岩层走向与河流近于平行，辰塘溪向斜正好从河床通过。两岸岩层均倾向河床，由于软弱结构面的存在和发育，构成了两岸不稳定的边坡。

各类砂岩为裂隙透水或含水岩层，而其间所夹的板岩夹层则为相对隔水岩层。当地下水沿砂岩裂隙渗至河床下向斜核部时，遇到板岩阻隔，便形成承压水。勘探中不少钻孔都遇到承压水，对大坝稳定不利。

（2）五强溪坝址：五强溪坝址位于坝段下游邻近峡谷出口处。该坝址缺陷有四：①左侧河床深槽水深达30～40m，施工较困难；②由于岩层产状近于水平，坝基岩体因受多层平缓软弱结构面的控制而抗滑稳定性差；③河床上发育有13条顺河向断层，形成坝下渗漏通道；④河床深槽两侧岩壁因受断层切割，岩体稳定性差，深槽的处理尤为困难。

（二）已建工程中存在的主要工程地质问题

1. 病险工程中存在的主要工程地质问题

运行中的大坝及其拦蓄的水体，长期作用于坝基（肩）岩体及库区岩体上，给予岩体以外力的作用，将使岩体发生变形和渗漏，尤其是沿着岩体内可溶性矿物成分或软弱结构层（带）物质引起变化而产生变形，从而导致坝体变形，甚至破坏。在病险工程中，归纳起来，有如下主要工程地质问题：

（1）库区渗漏。

（2）库岸滑坡。

（3）坝基（肩）渗漏及渗透变形破坏。

（4）坝体裂缝或不均匀沉陷。

（5）坝体滑坡及其他建筑物边坡变形破坏。

（6）输水涵管、隧洞裂缝和漏水。

（7）水库诱发地震。

其中，以坝基渗漏的病害最为普遍。

据能源部大坝安全监测中心对部属104座混凝土坝的安全普查中发现，存在基础抗滑稳定安全系数偏低的有7座次；坝基（肩）产生渗漏，导致扬压力偏高的有54座次；坝体产生裂缝漏水的有63座次；近坝库区发生滑坡的有18座次；发生水库诱发地震的有4座次。

此外，在时间效应上，大坝有从建成运行、发展、老化直至消亡的过程。从世界一些国家大坝失事原因的实例分析认为，大坝及其拦蓄的水体与基础岩体之间，通常是引起大坝病害的关键部位，这主要是由于渗透压力所引起岩体内破裂面的发展而导致漏水量增加，渗透压力增大，致使坝体产生位移或管涌，甚至大坝溃决。只有通过大坝长期监测及时发现问题和及时采取有效措施，才能确保大坝运行的安全，从而减少病险工程、免除灾害。

2. 病险库坝及其整治（工程实例）

南谷洞水库位于河南省林县漳河支流露水河上，控制流域面积270km^2，黏土斜墙堆石坝（混凝土防渗墙），坝高78.5m，坝顶高程540.5m，总库容6380万m^3，未经地质勘测于1958年兴建，1960年建成。由于大坝基础为厚43m的砂卵石夹漂砾层，不均匀系数70～250，渗透系数1.48×10^{-1}～3.85×10^{-1}cm/s，两岸坝肩为震旦系石英砂岩，与坝轴线近于平行和近于垂直的两组裂隙发育且较长，表部长达3～10m，因风化及卸荷作用，裂隙宽1～10mm，大者可达数厘米，单位吸水量绝大多数大于0.1L/(min·m·m)，最大达85L/(min·m·m)，未妥善处理，加上黏土斜墙填筑质量差，与岸坡结合不好，造成严重的坝基渗漏和绕坝渗漏，蓄不住水。汛期坝前铺盖和斜墙多次出现塌坑、裂缝和坝后管涌。1963年库水位526m时，下游坝脚普遍翻涌，漏水量$6m^3/s$，含沙2%，上游坝坡裂缝、塌坑面积$500m^2$，带走土料$1500m^3$。1968年上游坝脚设防渗墙，两岸帷幕灌浆。1975年库水位528m时，坝脚又漏浑水，漏水量26L/s，含泥量5%，塌坑7个，最大直径达9.5m。后来上游坡坝面改为沥青混凝土防渗斜墙，两岸又作帷幕灌浆，坝体内增设排水观测廊道。1982年库水位525m时，廊道漏水量逐步增大，出现裂缝，带走大量泥沙，上游坡防渗斜墙与左岸接头处出现塌坑，现仍在处理中。

三、水利工程实例

（一）实习目的

（1）了解在国家拉动内需的大政方针下，我国水利水电工程和农田水利工程建设以及水资源综合利用的方针、政策和发展趋势。

（2）通过对三峡大坝水电站、三峡展览馆等的参观和现场人员的讲解以及专家的讲座，增强对水利水电工程的感性认识，促进理论与实践的结合，增加工程概念，丰富生产知识，对将要从事的工作有比较全面深入的了解和切身感受，提高分析和解决实际问题的能力，为今后的工作和继续深造打下基础。

（3）熟悉水利枢纽的组成与总体布置，各种水工建筑物的作用，水电站的典型布置方式，组成建筑物及运行管理。

（4）了解水利工程规划、设计、施工和运行管理的基本步骤，加深对工程施工技术、施工组织和施工管理知识的理解，为毕业设计做好准备。

（二）实习要求

（1）通过报告、现场参观和讲解，了解各种水利工程的组成和各部分的布置施工方法，并结合所学知识对建筑物的设计特点、形式及布置合理性进行分析。

（2）了解和掌握水库各部分的组成、形式及其功能，各建筑物的形式选择和特点。

（3）通过对施工现场的参观和与工程技术人员及专家的交流，熟悉施工技术、施工方法、工程管理以及工程监理等各方面的知识，并对其合理性作出自己的判断。

（4）了解水利工程建设的一般过程和工程设计报告编写的主要过程，了解三峡工程中新技术、新方法的应用。

（三）实习计划

（1）日程安排：这次野外实习为期一周。

（2）实习方式：听专题报告、现场参观、听取专家及技术人员讲解、现场阅读资料、工地现场参观、讨论及考察、编写实习报告等。

（四）实习内容

总结三峡实习过程，将报告整理为以下几个方面：

1. 三峡水利枢纽概况

三峡水利枢纽位于中国湖北省宜昌市三斗坪，长江三峡的西陵峡中，距下游宜昌市约40km。具有巨大的防洪、发电、航运等综合利用效益，是治理和开发长江的骨干工程。经过长期的研究论证，坝段、坝址、正常蓄水位、重庆至宜昌河段的一级开发与二级开发以及分期开发等多方面的比较，最后选定了“一级开发，一次建成，分期蓄水，连续移民”的方案。坝顶高程 185m，正常蓄水位 175m，初期运用水位 156m。为混凝土重力坝，最大坝高 175m，总库容 393 亿 m^3。防洪库容 221.5 亿 m^3，可以使下游荆江河段的防洪标准提高到百年一遇，在遇到千年一遇以上特大洪水时，配合以中游分蓄洪工程等，可以避免发生毁灭性洪灾。水电站装机容量 1820 万 kW，保证出力 499 万 kW，多年平均发电量 846.8 亿 kW・h。向华中、华东和川东供电。设有双线五级连续船闸，年单向通过能力 5000 万 t，万吨船队可直达重庆。1993 年开始施工准备，1998 年截流，2003 年 6 月水库开始蓄水，2009 年全部建成。

坝址地形开阔，河谷宽达 1000 余 m，右侧有中堡岛顺江分布，两岸谷坡平缓。基岩主要为前震旦纪斜长花岗岩，岩性均一、完整、力学强度高。微风化与新鲜基岩饱和抗压强度 100Pa，变形模量 30～40GPa，纵波速度大于 5000m/s。岩体透水性微弱，单位吸水量一般小于 0.01L/(min・m・m)。坝区有两组断裂构造，一组走向北北西，一组走向北北东，倾角在 60°以上。断层规模不大，且岩石胶结良好。花岗岩体的风化层分为全、强、弱、微 4 个风化带。风化壳的厚度在两岸山体地段较大，可达 20～40m，漫滩地段较薄，主河床中一般无风化层或风化层厚度较小。库区和坝区地壳稳定，地震基本烈度为 6 度，建筑物按 7 度设防。水库建成后，可能产生的水库诱发地震，估计最高震级为 5.5 级。水库库岸总体稳定条件较好。坝址以上流域面积 100 万 km^2，多年平均径流量 4510 亿 m^3，多年平均输沙量 5.3 亿 t。正常蓄水位 175m 时，库容 393 亿 m^3，防洪限制水位 145m 时，相应库容 171.53m^3，防洪库容 221.5 亿 m^3。枯季消落低水位 155m，库容 228 亿 m^3，调节库容 165 亿 m^3。主要建筑物按千年一遇洪水设计，万年一遇洪水加 10%校核，相应洪峰流量分别为 98800m^3/s 和 124300m^3/s，相应水位为 175m 和 180.4m。

三峡工程分三期，总工期 17 年。一期 5 年，主要工程除准备工程外，主要进行一期围堰填筑，导流明渠开挖。修筑混凝土纵向围堰，以及修建左岸临时船闸，并开始修建左岸永久船闸、升船机及左岸部分砼坝段的施工。

一期工程在 1997 年 11 月大江截流后完成，长江水位从原 68m 提高到 88m。已建成的导流明渠，可承受最大水流量为 20000m^3/s，长江航运不会因此受到很大影响。可以保证期工程施工期间不断航。

二期工程 6 年，工程主要任务是修筑二期围堰，左岸大坝的电站设施建设及机组安装，同时继续进行并完成永久船闸、升船机的施工，2003 年 6 月 1—15 日大坝蓄水至 135m 高，围水至长江万县市境内。张飞庙被淹没，长江三峡的激流险滩再也见不到，水面平缓，三峡内江段将无上、下水之分。永久通航建成启用，7 月 10 日左岸首台机组发电。

三期工程 6 年，工程主要任务是右岸大坝和电站的施工，并完成全部机组安装。三峡水库是水面平静的峡谷型水库，长达 600km，最宽处达 2000m，面积达 10000km^2。正常冬季蓄水水位为 175m，夏季考虑防洪，控制在 145m 左右，每年将有近 30m 的升降变化，水库蓄水后，坝前水位提高近 100m，其中有些风景和名胜古迹会受一些影响。

三峡水利枢纽效益显著，拥有防洪、发电、航运、南水北调、渔业及旅游等综合效益。同时也存在许多问题，如投资、技术、移民、生态、水质、人文景观等。但是在工程进展至今的现实表明，这些问题都能得到妥善解决的。

2. 枢纽布置和水工建筑物

（1）枢纽布置自左至右顺序为双线五级连续船闸、升船机左侧非溢流坝段、升船机、临时船闸、左岸非溢流坝段、左厂房坝段及左岸厂房、导墙坝段、泄洪坝段、纵向围堰坝段、右厂房坝段及右岸厂房、右岸非溢流坝段。大坝轴线总长度为2335m。

（2）挡水大坝及泄水建筑物。

1）任务：挡水、泄洪、排沙。

2）坝型及主要尺寸：拦河大坝为混凝土重力坝，坝长2309m，坝顶高程185m，最大底宽126m，顶宽15～40m，大坝混凝土工程量1600万m^3。

3）设计标准：千年一遇洪水设计；万年一遇洪水加大10%校核洪水时坝址最大下泄流量102500m^3/s。

4）泄洪建筑：泄洪坝段位于河床中部，总长483m，设有22个表孔和23个泄洪深孔，其中深孔进口高程90m，孔口尺寸为7m×9m；表孔孔口宽8m，溢流堰顶高程158m，表孔和深孔均采用鼻坎挑流方式进行消能。

（3）水电站。电站坝段位于泄洪坝段两侧，设有电站进水口。进水口底板高程为108m。压力输水管道为背管式，内直径12.40m，采用钢筋混凝土受力结构。水电站采用坝后式布置方案，共设有左、右两组厂房和地下厂房。共安装32台水轮发电机组，其中左岸厂房14台，右岸厂房12台，地下厂房6台。水轮机为混流式，转轮直径10m，最大水头113m，额定流量966m^3/s，机组单机额定容量70万kW。

（4）通航建筑物。通航建筑物包括永久船闸和升船机，均位于左岸。

永久船闸为双线五级连续梯级船闸。单级闸室有效尺寸为280m×34m×5m，可通过万吨级船队。升船机为单线一级垂直提升式设计，承船厢设计有效尺寸为120m×18m×3.5m，一次可通过一条3000t的客货轮。承船厢设计运行时总重量为11800t，总提升力为6000万N。

3. 三峡工程的综合效益

（1）防洪。防洪是兴建三峡工程的首要出发点和目标。由于三峡水利枢纽工程位于长江中游与下游的分界处，工程建成后在重庆至宜昌段形成巨大水库，当水位达到海拔175m时，水库可拥有221.5亿m^3的防洪库容，可有效调节和控制长江上游暴雨形成的洪水，对长江中下游平原地区，特别是对荆江河段的防洪具有决定性的作用，使荆江河段防洪标准由现在的约十年一遇提高到百年一遇。遇千年一遇的特大洪水，可配合荆江分洪等分蓄洪工程的运用，防止荆江河段两岸发生干堤溃决的毁灭性灾害，减轻中下游洪灾损失和对武汉市的洪水威胁，并可为洞庭湖区的治理创造条件。因此，三峡工程是长江中下游防洪的关键工程。

（2）发电。三峡工程最直接的经济效益是发电。三峡水电站左岸厂房安装14台水轮发电机组，右岸厂房安装12台，总共装机26台；单机容量70万kW，装机总容量为1820万kW，年发电量为846.8亿kW·h。主管三峡发电的长江电力现已将三峡电能搭接上4条大电网，三峡水电站全部投入发电后，可以把华中、华东、华南电网联成跨区的大电力系统，可取得地区之间的错峰效益、水电站群的补偿调节效益和水火电厂容量交换效益。它将为经济发达、能源短缺的华东、华中和华南等地区提供可靠、廉价、清洁的可再生能源，对经济发展和减少环境污染起到重大的作用。三峡工程所提供的电力资源，如果以火电来算，就意味着要多修建10座180万kW级的火电站。

（3）航运。三峡工程位于南津关上游38km处，地理位置得天独厚，对上可以渠化三斗坪至重庆江段，对下可以增加葛洲坝工程以下长江中游航道枯水季节流量和水深，能够较为充分地改善重庆至汉口间通航条件，满足长江上中游航运事业远期发展的需要。三峡水库显著改善宜昌至重庆660km的长江航道，万吨级船队可以从重庆直达汉口和上海。扩大了重庆至汉口门航道通过能力，满足长江上中游航运事业远景发展的需要。航道单向年通过能力提高到5000万t，运输成本可降低35%～37%。经水库调节，宜昌下游枯水季最小流量提高到5000m^3/s以上，使长江中下游枯水季航运条件也得到较大的改善。三峡工程与葛洲坝工程联合运行，对长江上中游的航运效益十分显著。大幅度降低运输成本，可充分发挥水运优势。三峡工程建成后，由于长江上中游航道和水域条件的改善，促进船型、船队向标准化、大型化方向发展。有利于库区港口、航道建设和航标管理。此外，干流两岸遇有大型崩塌、滑坡时，不会再阻断干流航道。

（4）旅游。三峡水库蓄水使老三峡景观重新组合，并迁移保护了大量文物，在库区一支流又开发出原始生态的小三峡旅游区。工程建设本身也是一个难得的景观。

4. 三峡工程建设中存在的问题

三峡建设过程中，需要解决许多问题，其中既有技术方面，也有环境、生态等方面的问题。

（1）投资和效益问题。三峡工程静态投资900.9亿元，工程完成时动态投资约2000余亿元。三峡工程投资有：国家贷款，国有电站电价每千瓦时加价0.4～0.7分钱，葛洲坝水电站、三峡水电站发电收入等。在三峡工程建成后，总的工程投资本息，包括工程费和移民费，都能用电费收入偿还，防洪、航运等没有分摊投资。而三峡工程防洪、发电、航运等效益是长期的，还有巨大的社会效益。同时应用长江电力上市融资，陆续滚动开发金沙江上游向家坝、溪洛渡、白鹤潭、乌东德四大巨型电站。

（2）船闸高边坡稳定问题。三峡双线五级船闸系在山体中深切开挖修建。在微风化和新鲜岩体部位，为充分利用花岗岩的高强度特性，闸室边墙为锚固在直立边坡岩体上的混凝土衬砌式结构，边坡断面下陡上缓，闸墙部位为50～70m高的直立坡。闸墙顶以上开挖边坡：全风化带1∶1～1∶1.5，强风化带1∶1，弱风化带1∶0.5，微风化和新鲜岩体1∶0.3。船闸主体段最大开挖深度达170m，边坡高度，在第三闸首附近约400m长范围为120～160m，其余部位高50～100m。边坡基岩整体稳定性较好，但通过二维、三维弹性有限元分析以及地震动力响应分析，局部边坡存在塑性破损区；施工中存在局部块体失稳问题。为提高边坡的稳定性，主要采取以下措施：①设置防渗及排水系统；②边坡加固支护，包括喷混凝土支护、预应力加固、系统锚杆加固和预应力锚索加固。施工过程中加强观测、分析，进行动态分析和相应的调整。

（3）库区移民问题。三峡水库将淹没陆地面积632km^2，涉及重庆市、湖北省的20个县。三峡水库淹没涉及城市2座、县城11座、集镇116个；受淹没或淹没影响的工矿企业1599家，水库淹没线以下共有耕地2.45万hm^2；淹没公路824.25km，水电站9.22万kW；

淹没区房屋面积为 3459.6 万 m^2，淹没区居住的总人口为 84.41 万人。考虑到建设期间内的人口增长和二次搬迁等其他因素，三峡水库移民安置的动态总人口将达到 113 万人。国家在三峡工程建设中，实行开发性移民方针，由有关人民政府组织领导移民安置工作，统筹使用移民经费，合理开发资源，以农业为基础、农工商结合，通过多渠道、多产业、多形式、多方法妥善安置移民，移民的生活水平达到或者超过原有水平，并为三峡库区长远的经济发展和移民生活水平的提高创造条件。

（4）水库淹没和生态环境问题。修建三峡工程对生态环境有利方面为：防治下游土地和城镇淹没，减少火电空气污染，改善局部气候，水库可发展渔业等。对生态不利方面为：淹没耕地 30 余万亩，果地 20 余万亩，移民到库边高地，将破坏生态环境，水库静水减弱污水自净能力，恶化水质，影响野生动物的繁殖，也会使一些文物、名胜古迹等被淹没。工程进展至今表明：保护生态环境虽有难度，但必须解决也可以解决。

四、思考

（1）试述坝址选择的基本原则与注意事项有哪些？

（2）简述水库建设及应用过程中可能产生的环境问题，并给出可行的解决措施。

（3）说说你对三峡工程的认识与感受。

第十一章

生 产 实 习

一、实习目的与任务

专业生产实习，是以水文水资源学、水文地质学为理论指导而进行野外实践的教学课程。生产实习的目的包括在老师的指导下，通过野外实践教学和训练，使同学进一步理解所学水文水资源学、水文地质学的基本理论和原理，掌握水文水资源、水文地质工作程序和工作方法，提升水文水资源、水文地质技能，增加学生对专业的感性认识和实践动手能力，为进一步开展本专业及相关专业的生产实践和科学研究工作打下坚实的基础。

生产实习的任务包括通过启发性教学、独立性教学和创造性教学环节，掌握不同水文地质条件下地区水文水资源、水文地质、环境地质的一般调查方法；熟悉水文水资源、水文地质勘察设计报告编写的一般步骤，初步掌握水文地质钻探和水文地质试验一般工作方法；初步掌握区域水文地质测绘的工作方法和技能、水文地质测绘报告的编写和专业图件的编制。

二、实习内容及计划

（一）抽水试验及地下水动态均衡分析实习

1. 抽水试验设计

由教师给出部分抽水试验场地的地质、水文地质等基础资料，通过学生实地调查，根据抽水试验目的，进行抽水试验设计方案编写。设计编写应包括抽水试验场地的水文地质概况、抽水孔和观测孔的平面布置、排水渠布置、抽水试验方法、抽水及水位恢复试验中水位流量水温气温等数据观测技术要求、抽水试验参数计算方法、抽水试验经费预算、试验抽水及抽水试验组织等内容。

2. 抽水试验

抽水试验是获取场地水文地质参数的主要方法之一。抽水试验应根据抽水试验设计进行。抽水试验前应进行一段时间的水位观测，以了解地下水位天然变化情况。抽水试验前应进行水位计校正和统一观测方法，并进行试验抽水，以检查排除供电、排水等可能的故障，保证正式抽水的顺利进行。抽水试验后应进行抽水试验报告编写。报告编写应包括抽水试验目的、抽水试验场地水文地质概况、抽水试验方法、资料整理、参数计算等内容。

3. 水均衡要素观测与计算

通过试验场地的气温、湿度、日照时数、降水量、蒸发量等资料收集，进行试验场地的气象水文观测资料整理；根据场地的地下水位和水质等资料，绘制动态曲线，划分地下水动态类型；通过测定含水率（湿度）、地下水位、结合气象和水文等资料，确定入渗系数和蒸发系数，进行地下水动态均衡分析。

4. 水文地质读图实习

通过实习区或典型地区水文地质图读图，完成读图报告。读图报告要包括区域地下水补给、径流和排泄条件，区域地表水情况、地表水与地下水补排关系，地下水类型，水资源开发利用情况等内容。

（二）区域水文地质环境地质测绘实习

1. 野外现场讲授

实习地区区域地质、水文地质及环境地质概况：介绍实习地区地形地貌、气象水文等自然地理概况。介绍实习地区地层、构造、岩浆活动、地质发展史、矿产等区域地质概况。

水文地质、环境地质测绘技术要求：在水文地质、环境地质测绘前，参照选定的测绘区，介绍不同地下水类型测绘区地质点、地貌点、井泉等水文地质点、排污口垃圾点等环境地质点调查卡片填写要求，调查点及路线精度要求，水土岩样品采集要求等。

实习成果整理及报告编写要求：水文地质、环境地质测绘后，介绍对测绘数据及收集资料的整理、图件绘制，实习调查报告的编写要求。实习报告编写应包括绪论、自然地理概况、地质条件、水文地质及环境地质条件、地下水资源计算与评价、水资源开发利用等内容。

2. 启发性教学阶段

对实习地区选定的若干条典型教学路线进行理论联系实际的点面乃至综合性启发式教学。

典型路线应涵盖专业基本野外工作内容，应包括：孔隙水、裂隙水、岩溶水等基本地下水类型及赋水性分析。通过不同类型地下水典型井、泉点调查（出露条件、空隙特征、水量水质水温动态、污染条件、开发利用情况、补给径流排泄条件等），进行不同类型地下水的赋水性分析；

简易钻探、渗水试验、简易抽水试验等基本野外工作方法训练。通过麻花钻、洛阳铲等工具进行简易钻探工作，熟悉岩心编录方法。通过单环（或双环）渗水试验、简易抽水、联通试验等方法，熟悉水文地质野外试验一般方法。

河流测流。选择适当断面，掌握河流测流方法，进行断面流量计算。分析地表水与地下水的水力联系。

洪水调查。洪水调查是补充观测资料系列不足而进行的野外调查，其所得成果可作为设计洪水的补充资料或延长实测系列的重要依据。主要内容包括查清历史洪水的痕迹、发生的日期和情况以及河道情况、估算洪峰流量、洪水总量及发生的频率等。

水文计算。拟定实习地区为无资料地区，由暴雨资料推求设计洪水，根据水文统计方法计算设计面暴雨量和设计暴雨时程分配，进行设计洪水过程线的推求。

水利工程参观。了解其防洪标准、承担任务和水工建筑物布置及设计型式。深刻理解水文资料及水文计算如何为水利工程规划设计服务。

根据实习场地的具体情况，对可能的地热、海水入侵、水源地开采、人工回灌、地面沉降等专门性水文地质问题进行选择性典型教学。

典型教学路线应该在教师指导下，每天外业结束后进行讨论并写出当天的实习小结。

3. 独立性教学阶段

在实习区域内，选定一定范围（如 20km^2），学生分组独立进行全区综合水文地质环境地质测绘调查工作。每天的调查路线设计、调查卡片填写、样品采集均有每组学生独立设计并完成实际调查工作。采集的水土岩样品，应在野外实验室或带回学校实验室由学生独立进行分析测试。这一阶段在教师指导下进行，教师的作用主要是引导、纠错、典型讲解。

独立测绘区选取应该包括孔隙水、裂隙水、岩溶水等基本地下水类型并具有典型性，最好是一个相对独立的水文地质单元。每天学生野外工作结束后，应该对当天的图件进行清绘、卡片进行整理，并设计次日的工作路线和工作内容。整个独立工作阶段结束后，各小组应该进行总结并写出总结报告。

（三）创造性教学阶段

野外实习结束后，在教师指导下，学生应该根据实习获得的数据资料及部分收集的资料，独立完成实习报告的编写。这一阶段是对野外实习的总结，是对实习资料再加工和数据分析、图件编制、问题分析总结的创造性阶段。

实行实习队长负责制原则，实习前召开实习动员会，介绍实习内容及要求，实习后进行实习总结。实习过程中全程强调实习组织纪律，以保证实习顺利进行。在指导教师组织指导下，通过“实习内容预习－野外讲解和师生讨论－室内总结和讨论”“每日总结和阶段总结”“路线设计与独立调查-水文地质勘察试验和室内分析实验－图件编制与报告编写”等方式完成实习任务，提高实习教学效率。

三、实习成绩考核

1. 考核要求

（1）实习期间严格考核出勤情况，尤其是野外实习期间。

（2）野外实习要求要有每个实习地点的完整记录。

（3）按时完成实习日记及每天线路实习报告。

（4）按时完成抽水试验设计及抽水试验报告、水文地质调查报告。

2. 考核方式

根据考勤、实习表现、野外实习日记、野外记录、每天的线路实习报告、抽水试验设计及抽水试验报告、水文地质调查报告综合给定成绩。

3. 成绩评定标准（总分 100 分）

（1）考勤、实习表现，10 分。

（2）野外实习日记和野外记录，15 分。

（3）路线总结报告，15 分。

(4) 抽水试验实习报告，20 分。

(5) 区域水文地质测绘实习报告，40 分。

四、思考

(1) 抽水试验中，如何根据现场条件选取参数计算方法?

(2) 单孔、多孔、群孔抽水试验应该分别设置在什么样的地段?

(3) 不同河流测流方法的优点和缺点?

(4) 所调查区域的地下水水质情况是怎样的? 运用水质评价方法进行评价。

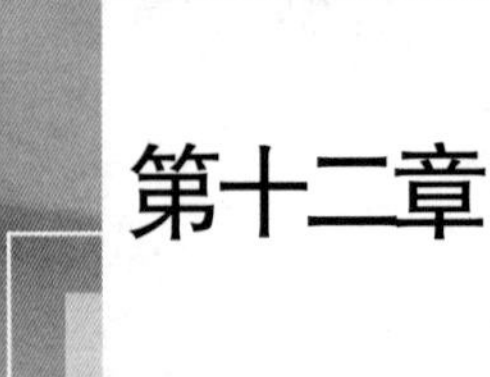

第十二章 毕 业 实 习

一、实习目的与要求

1. 实习目的

根据本专业教学计划要求，学生在学完所有课程后，于生产实习之后、毕业前进行为期4周的毕业实习。

毕业实习是对学生专业素质的全面考查和锻炼，着重培养和提高学生独立分析问题和解决问题的能力，树立良好的学风和工作作风。要求学生独立完成毕业实习的各项任务，并按时提交毕业实习报告。

毕业实习的目的：广泛收集在教师及现场技术人员的指导下，通过对水文与水资源、环境地质及相关资料，现场进行实测、调研和实际操作，使学生将所学理论知识与生产实际紧密结合起来的综合性实践过程，并就水文与水资源、环境地质、水文地质的某些问题进行理论分析和判断，提高学生的综合专业素质和创新能力，具备从事水文与水资源、水文地质、环境地质、灾害地质技术工作或科学研究工作的初步能力。

2. 实习要求

(1) 在熟悉各种水文、水文地质、环境地质、工程地质等相关资料的基础上，根据教学目的与现场要求，结合实习区实际情况，还应考虑时间上和业务上的可能性，由教师、现场技术人员和学生共同确定毕业实习具体内容。既可以以毕业设计教师指导组为单位进行实习，也可以以班级为单位到一个实习地实习，但必须做到每人独立进行实际操作，学生独立完成一份完整的毕业实习及相应图件报告。

(2) 毕业实习宜结合生产单位实际、或教师科研题目、或结合毕业设计、或结合学生未来的工作进行。毕业实习要突出学生实际操作与综合分析的结合，以达到使学生既得到实际工作锻炼、巩固所学知识，又在理论分析和创新思维上有所收获等目的。

毕业实习内容最好与下一步的毕业设计（论文）及学生未来工作结合起来，以便使实习和设计的内容相连接或延续，为学生毕业后从事水文与水资源、环境地质、工程地质及相关工作打下基础。

(3) 毕业实习可选择水文与水资源管理、监测、评价、水利设计、施工，地质及水文地质勘查、煤矿企业、石油企业、金属及非金属采矿企业、宝玉石生产检测或开发企业、地质环境管理、监测、评价部门或企业、矿产资源开发或管理单位、科研单位等进行。但要围绕某一具体的专业课题安排实习计划。

(4) 每个学生必须经历现场观察、收集和整理资料、室内编图与分析及编写毕业实习文字说明书三个实践环节，以便得到全面训练。

(5) 每个学生在毕业实习结束时，应提交毕业实习报告，包括文字说明书和附图两部分，文字简明流畅，书写工整，绘制图表正确，无论图件大小（包括正式图、底图）均应上墨及涂色或计算机处理，要求做到整洁美观。

(6) 毕业实习要充分应用计算机技术进行数据处理或编图，要有一定深度的理论探讨，学生提交的报告中要有所体现。

(7) 实习期间要特别注意安全，特别是到具有危险的大江大河、水库、矿山等实习地点，指导教师要配合现场技术及管理人员做好学生的安全管理工作，杜绝一切安全事故的发生。要及时制订实习作息时间安排表、安全管理措施、请假制度等。要将实习地点的联络方式等情况在实习学生到达实习地时或此前告知学院管理人员。

二、实习内容及计划

毕业实习共4周，各工作阶段（或环节）：

1. 熟悉和了解实习地区基本情况

本环节要求学生了解实习地区的基本情况，包括邀请现场技术人员作报告，阅读有关资料，现场观察等。

现场技术人员报告的主要内容包括：该地区的发展情况、区域经济、自然地理、气象水文、水文地质及相关情况。

阅读有关资料主要包括：水文与水资源、水文地质、环境地质及相关资料、生产报告、科研报告、各种生产图件、实验报告等。

现场观测主要包括：野外水文测站、水体调查对象、水文地质、环境地质、水源地、污染场地、矿山企业、生产车间、生产环境、工业布局、产品展览、生产调度、先进设备等。

2. 原始资料收集

水文与水资源工程专业涉及面广，目前从事的工作除了水文与水资源工程以外，还包括水文地质、环境地质、工程地质等，这些工作本身，与自然地理、地质、人为影响等都十分密切，因而原始资料的收集、整理、综合研究等就显得极为重要。本环节要求学生全面收集实习地区有关的自然地理、气象水文、地质及水文地质、环境地质、工程地质及其他相关资料，包括各个时期的相关技术报告、原始调查、监测、分析、钻井、录井、动态资料及相关的基础地质、经济与社会发展情况等资料。

3. 实际操作或实验

这是毕业实习的重要环节，学生在指导教师和现场技术人员的带领和指导下，进行有关毕业实习具体内容的实习，学生要自己动手，具体实施每一步操作，包括水文观测、水文地质观测、描述、采样、记录等，以及水利观测、钻探、采油、井下作业和油气集输等工艺技术等。有条件时可采用照相、摄影、录音等手段。

实际操作或实验的具体内容和步骤可根据实习地区的具体的地理、水文、气象、地质情况及现场具体水文与环境地质问题进行安排，如环境污染、构造运动、矿床开发、水文与水资源、工程地质等问题，指导教师可根据本大纲要求编写详细的指导书，提出具体要求。

4. 综合资料整理与分析环节

毕业实习是对学生综合能力实际锻炼和提高的重要教学实践环节，因此综合资料整理与分析是毕业实习的关键环节。主要包括对收集的原始资料和实际操作或实验获得的所有资料进行整理，去伪存真、去粗取精，对水文、水文地质、环境地质、灾害地质现状及观测数据、动态数据等进行综合性分析与判断，提出自己的认识。

本环节需要完成编制综合性图件和文字编写等任务。

5. 实习时间安排

毕业实习时间安排 4 个周。实习前，指导教师要到现场进行实习准备，根据大纲要求和现场实际的水文及水文地质、环境地质等情况写出实习指导书。正式实习开始后的时间安排是：提前准备相关事宜和来回往返 3 天；熟悉资料和听取现场技术人员做报告 2 天；学生实际操作 2 周；综合分析和整理及编写报告 1 周。

各个实习点的具体计划，可根据本实习大纲要求，结合现场具体情况制定出详细的实施计划和步骤。计划内容应包括工作阶段、日期、具体内容、人员分工等。毕业实习报告（包括附图）在老师指导下由学生独立完成。

学生所需要参考书及相关资料，在教师指导下由学生准备。

三、实习成绩考核

1. 毕业实习成绩

根据学生在毕业实习期间表现出的实际操作能力和提交实习报告的质量，由指导教师确定成绩，由系指导小组审核，报学院领导批准。

实际结束后一周内向系和学院提交学生毕业实习成绩，分下列五个级别评定成绩：优秀、良好、中等、及格、不及格。

2. 毕业实习成绩评定依据

（1）实际态度及主动性、整个实际期间组织纪律考核情况，尊重现场技术人员和指导教师的安排，团结同学方面的表现，占 15%。

（2）实习大纲内容的完成情况，占 35%。

（3）整个实习中学生分析问题解决问题能力的表现，占 10%。

（4）资料运用的完备情况，占 10%。

（5）实习报告、图件的质量，占 30%。

四、思考

（1）什么是水文年鉴？

（2）简述翻斗式雨量计和虹吸式雨量计的区别。

（3）水电梯级开发对水文情势及河流生态有哪些影响？

参考文献

[1] 方樟，肖长来，王福刚，等．水文与水文地质教学实习指导［M］．北京：中国水利水电出版社，2019.

[2] 房佩贤，卫中鼎，廖资生．专门水文地质学［M］．北京：地质出版社，1996.

[3] 国家环境保护总局水和废水监测分析方法编委会．水和废水监测分析方法［M］．4版（增补版）．北京：中国环境科学出版社，2011.

[4] 国家质量技术监督局，中华人民共和国建设部．土工试验方法标准：GB/T 50123—1999［S］．北京，中国计划出版社，1999.

[5] 胡彩虹，王金星．流域产汇流模型及水文模型［M］．郑州：黄河水利出版社，2010.

[6] 靳孟贵，成建梅，文章．地下水动力学实验与习题［M］．2版．北京：中国水利水电出版社，2017.

[7] 李继清，门宝辉．水文水利计算［M］．北京：中国水利水电出版社，2015.

[8] 李振中．分析化学实验［M］．南宁：广西科学技术出版社，2015.

[9] 梁忠民，钟平安，华家鹏．水文水利计算［M］．2版．北京：中国水利水电出版社，2008.

[10] 缭韧．水文学原理［M］．北京：中国水利水电出版社，2007.

[11] 吕华芳，尚松浩．土壤水分特征曲线测定实验的设计与实践［J］．实验技术与管理，2009，26（7）：44-45.

[12] 芮孝芳．水文学原理［M］．北京：中国水利水电出版社，2004.

[13] 时红，孙新忠，范建华，等．水质分析方法与技术［M］．北京：地震出版社，2001.

[14] 王福刚．环境水文地质调查实习指导书［M］．北京：地质出版社，2017.

[15] 王光生，宁方贵，肖飞，等．实用水文预报方法［M］．北京：中国水利水电出版社，2008.

[16] 王惠霞．无机及分析化学［M］．重庆：重庆大学出版社，2016.

[17] 王萍．水分析技术［M］．北京：中国建筑工业出版社，2000.

[18] 魏文秋，张利平．水文信息技术［M］．武汉：武汉大学出版社，2003.

[19] 奚旦立，孙裕生．环境监测［M］．4版．北京：高等教育出版社，2012.

[20] 肖长来．水文与水资源工程教学实习指导［M］．长春：吉林大学出版社，2005.

[21] 谢协忠．水分析化学［M］．2版．北京：中国电力出版社，2014.

[22] 谢悦波．水信息技术课程指导书［M］．北京：中国水利水电出版社，2010.

[23] 杨连生，王涛，李宏明．水利水电工程地质实习指导书［M］．北京：中国水利水电出版社，2008.

[24] 叶守泽．水文水利计算［M］．北京：水利电力出版社，1992.

[25] 叶守泽．水文水利计算［M］．武汉：武汉大学出版社，2013.

[26] 张留柱，赵志贡，张法中，等．水文测验学［M］．郑州：黄河水利出版社，2003.

[27] 张士锋，刘昌明，夏军，等．降雨径流过程驱动因子的室内模拟实验研究［J］．中国科学：地球科学，2004，34（3）：280-289.

[28] 张艳杰，李家春．水力学实验教程［M］．西安：西北工业大学出版社，2018.

[29] 赵振兴，何建京．水力学实验［M］．南京：河海大学出版社，2001.

[30] 左其亭，王树谦，马龙．水资源利用与管理［M］．2版．郑州：黄河水利出版社，2016.

参考文献